应变岩爆重要影响因素研究

赵菲 王洪建 陈上元 著

YINGBIAN YANBAO
ZHONGYAO YINGXIANG YINSU YANJIU

·北京·

内 容 提 要

本书结合作者多年来开展的应变岩爆室内实验成果，对影响岩爆的三个重要影响因素——卸载速率、岩石尺寸、岩石组合形式，进行了深入分析，探求了岩爆发生的作用机理，对实际工程具有重要指导意义。全书共6章：第1章绪论；第2章室内应变岩爆实验方案；第3章不同卸载速率下的室内应变岩爆实验研究；第4章不同岩石尺寸下的室内应变岩爆实验研究；第5章不同岩石组合下的室内应变岩爆实验研究；第6章结论、创新与展望。

本书可作为岩土工程、地质工程、采矿工程等专业本科生、研究生的学习参考书，也可供相关领域的科研人员、工程技术人员参考使用。

图书在版编目（CIP）数据

应变岩爆重要影响因素研究 / 赵菲，王洪建，陈上元著. -- 北京 : 中国水利水电出版社，2020.7
ISBN 978-7-5170-8762-5

Ⅰ. ①应… Ⅱ. ①赵… ②王… ③陈… Ⅲ. ①应变－岩爆－影响因素－研究 Ⅳ. ①P642

中国版本图书馆CIP数据核字(2020)第149512号

书　　名	**应变岩爆重要影响因素研究** YINGBIAN YANBAO ZHONGYAO YINGXIANG YINSU YANJIU
作　　者	赵菲　王洪建　陈上元　著
出版发行	中国水利水电出版社 （北京市海淀区玉渊潭南路1号D座　100038） 网址：www.waterpub.com.cn E-mail：sales@waterpub.com.cn 电话：（010）68367658（营销中心）
经　　售	北京科水图书销售中心（零售） 电话：（010）88383994、63202643、68545874 全国各地新华书店和相关出版物销售网点
排　　版	中国水利水电出版社微机排版中心
印　　刷	清淞永业（天津）印刷有限公司
规　　格	184mm×260mm　16开本　9.75印张　202千字
版　　次	2020年7月第1版　2020年7月第1次印刷
定　　价	**68.00**元

前言
FOREWORD

岩爆是一种复杂的岩石力学行为，受多种因素共同影响，通常归纳为内因和外因。其中：内因包括高地应力、围岩岩性及岩体结构、地质构造等；外因包括岩石所处的水文地质条件、人工开挖施工因素、外界传来的应力波等。岩爆实质上是一种储存在岩体内部的弹性应变能得以突然释放的过程，影响岩爆发生的主要因素其实也是影响岩体成为岩爆高储能体的因素。探求岩爆发生影响因素作用机理具有重要意义。鉴于岩爆现象的复杂性及现场岩爆监测的困难性，开展岩爆室内实验研究是了解岩爆产生机理的重要有效手段。何满潮院士自主设计研发了具有实现三向六面独立加载并且一个方向单面突然卸载功能的深部岩爆过程模拟实验系统，利用该系统可模拟巷道开挖过程中岩体由开挖前的平衡态转化为开挖后有一面突然卸载的应力全过程；同时，可进行有关物理力学参数的测试，在实验室条件下再现真实的岩爆破坏过程，将岩爆机理研究推进了一个新的阶段。

本书总结了作者多年来在岩爆影响因素试验研究方面得到的结果，重点阐述了卸载速率、岩石尺寸及岩石组合形式三种因素影响下的室内应变岩爆实验方法，利用高速摄影捕捉岩石动力破坏过程，对比分析了岩石岩爆临界强度、岩石宏观破坏特征，收集实验后碎屑进行筛分实验和电镜扫描实验，确定其尺度特征、形状特征并观察微裂纹。通过研究声发射累计参数演化过程，确定实验关键特征点，统计各关键点应力水平和声发射能量值，并提取关键点处声发射波形数据进行时频分析和 b 值计算，分析三种因素对声发射特征演化的影响。

本书的许多研究成果是在何满潮院士的指导下完成的，在此表示衷心感谢，本书开展相关研究过程中得到了中国矿业大学（北京）深部岩土力学与地下工程国家重点实验室岩爆研究课题组李德建、苗金丽、聂雯、程聘、贾雪娜、杜帅及何琴琴等的帮助，在此表示衷心的感谢！

岩爆是一个非常复杂的非线性动力学破坏过程，许多问题还有待进一步探索和深入研究。本书研究内容可供从事岩爆相关科研工作者和在校学生参考使用。同时，由于作者学识有限，书中存在的缺点和不足，敬请读者批评指正！

作者

2020 年 7 月

目录

CONTENTS

第1章

绪　　论

岩爆是地下开挖过程中岩体发生破坏的一种特殊形式，是直接威胁人类生命财产安全的一种工程地质灾害现象，已成为地下工程的重点和难点问题之一。本书介绍了岩爆灾害现状、严峻形势、岩爆概念，从岩爆发生的机理和影响因素；对影响岩爆发生的关键因素的相关研究进行了综述；总结了室内及数值实验研究在岩爆影响因素方面的应用和发展现状；从室内实验分析出发，结合实验条件研究了不同卸载速率、不同岩石尺寸及不同岩石组合形式对岩爆的影响，并确定了本书的研究内容、方法和技术路线。

1.1 概述

1.1.1 岩爆灾害

随着社会经济的发展，地下工程不断加深，矿井开挖深度超过 4.0km，民用隧道最大埋深也已经超过 2.5km。深部岩体通常呈现高地应力、水压、地温条件，有时还会出现工程扰动，因而深部岩土工程常常会发生灾害。在硬岩矿井、深埋隧道、地下水电站等深部岩体工程中，经常会遇到岩爆，它是一种危害性极大的地质灾害，具有突发性，难以进行有效防治及预测预报；岩爆的发生将严重影响生产、威胁工程人员的生命安全，造成极大的财产损失。因此对岩爆发生机理和发展过程进行深入细致的分析研究具有重要的意义。

世界各国都不同程度地受到岩爆的威胁。世界上有记录最早的一次岩爆发生于 1738 年英国的锡矿。我国现有记载最早发生的岩爆事故发生在 1933 年的抚顺胜利煤矿。据统计，位于岷江的太平驿水电站引水隧道的一段长约 5km 标段内，在施工期间发生了大大小小近 400 次岩爆事故，严重威胁了工程人员的生命以及财产安全，影响了施工进度。2014 年 3 月 27 日，河南义马煤业（集团）有限公司下属千秋煤矿发生冲击地压事故，巷道变形严重，造成 6 人死亡。粗略估计我国发生的岩爆事故已超过 5000 次，多数为煤矿中的冲击矿压。图 1.1 为典型岩爆现象。

国内外专家学者对岩爆问题越来越重视，开展了大量的科研工作，取得了相关研究成果。目前对岩爆问题的研究主要有岩爆理论分析、应变岩爆实验研究和岩爆现场监测三个方面。

（1）分析岩爆的理论主要包括强度理论、能量理论、刚度理论、断裂损伤理论、失稳与突变理论等。

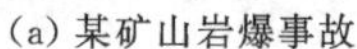
(a) 某矿山岩爆事故

(b) 锦屏二级水电站排水洞岩爆

图 1.1　典型岩爆现象

(2) 目前针对岩爆的室内模拟实验主要包括单轴压缩实验、双轴加载实验、常规三轴实验及真三轴实验等。

(3) 岩爆现场监测的应用方法主要有传统监测法（例如应力监测法、顶板动态法和钻屑法）和地球物理法（例如地音与微震和电磁辐射监测法）。

岩爆是岩石力学中的世界性难题，需要不断探讨其产生的机理，利用理论、实验、现场监测等手段挖掘岩爆信息，为岩爆预测预报及防控提供有价值的依据。

1.1.2　岩爆的概念

Cook（1965），Blake（1972），Russenes B. F.（1976），郭然（2003），何锋（2005），钱七虎（2014）等众多学者都对岩爆定义进行了阐述，虽然略有所异，但都包含一个观点，即：岩爆是岩体的一种动力失稳破坏，过程中伴随着大量能量的猛烈释放。

何满潮（2004）以能量岩体为出发点提出了定义岩爆的新观点，认为岩爆是能量岩体沿着开挖临空面瞬间释放能量的非线性动力学现象。

(1) 能量岩体是指岩体是有能量的，能量的来源可以是工程岩体所处位置所具有的势能（因地球吸引力而产生），自重应力和构造应力使岩体压缩所储存的能量，该能量从微观层次上可以理解为晶格能。

(2) 开挖临空面是指岩爆的发生一定要有工程扰动的作用，包括地下工程（巷道、隧道）、边坡工程露天采石场等。

(3) 瞬间释放能量是指岩爆具有突发性，岩体发生岩爆破坏时，能量瞬间释放，并有多余的能量使脱离岩体的岩块或岩片产生动能。

(4) 非线性动力学过程是指岩爆现象之一——岩块、岩片的弹射。脱离岩体的岩块、岩片以一定的初速度运动，其能量一定来源于脱离瞬间从周围岩体所获得的能量（获得运动的初始动力源，该能量的大小决定了岩爆弹射的速度）；释放给脱离体能量的大小又一次受岩体特性控制（内因）并受到应力集中程度和速度影响（外因）。非线性主要是指几何上的非线性、材料自身的非线性和过程的非线性。

根据上述从能量角度阐述的岩爆定义可知，在对岩爆进行研究时，需要运用非线性动力学的理论方法，结合能量时空变化规律来认识岩爆过程并找到岩爆的实质。

1.1.3 岩爆的影响因素

岩爆灾害现象是一种复杂的岩石破坏过程，它具有一定的随机性、模糊性和不可预测性。大量研究表明岩爆的发生是多种因素交互作用的结果，各影响因素之间不仅相互独立，同时又互相影响。各因素对岩爆发生的影响方式和程度各不相同，深入分析各因素对岩爆的影响机制对于理解岩爆发生机理，进行岩爆预测预报具有重要意义。

影响岩爆发生的因素分为内因和外因。

内因主要是指岩石本身性质及所处的围岩环境，例如有高地应力、围岩岩性及岩体结构、地质构造等。同样的地质条件下，岩石在高地应力区往往能够存储有更多的弹性应变能，且脆碎特性明显，因此岩爆更易于发生。而围岩岩性及岩体结构能够影响岩体弹性能的储存能力进而影响岩爆的发生。一些岩爆发生与地质构造密切相关，例如在褶皱翼部构造应力较为集中的区域发生的岩爆、断层局部突然重新活动导致的岩爆以及断层构造一定距离范围的局部构造应力增高区洞段发生的岩爆。

外因主要指岩石自身受自然界或人力等外来因素的影响，例如有岩石所处的水文地质条件、人工开挖施工因素、外界传来的应力波等。一般干燥无水的岩体中更易发生岩爆，因为这说明岩体较为完整，裂隙不发育，且地下水对岩体有软化总用，不利于岩体储能。地下开挖过程中，岩体实质上处于围压卸荷状态，岩体岩爆破坏与卸荷速率有密切关系。在实际施工中，人们通过降低开挖速率，减少开挖进尺来降低岩爆发生的风险，其实质上是在调整围岩的卸荷速率，来降低岩爆发生的强度和可能性。开挖洞室附近的应力波的存在可能会包含拉应力，由于拉应力的存在会导致岩体内部产生于洞室表面平行的裂纹同时，反射的应力波不断叠加会使原有裂纹贯穿、介质变得松动、接触面变平引起岩爆的发生。

由上述分析可知，从能量角度分析岩爆更为准确，即岩爆是一种由于应变变形而存储于岩体内部的能量超过岩体本身能够积聚的最大能量后瞬间释放多余能量的过程，影响岩爆发生的主要因素也就是影响岩体成为岩爆高储能体的因素。成为高储能岩体的必备条件包括两个方面：岩体有足够的能力储存较大的弹性应变能和岩体内部产生高度的应力集中。

本书选取了影响岩爆的众多因素中较为重要的三个因素，即卸载速率、岩石尺寸和岩石组合形式，利用深部岩爆过程模拟实验系统，开展了系列平行实验研究。

1. 卸载速率

岩体在卸荷条件下和在加荷条件下的力学表现特性有本质的区别，高地应力地区地下工程开挖过程中发生的岩爆是一种典型的开挖卸荷现象。在卸荷条件下，岩石的弹性模量比加荷条件下的弹性模量小，破坏时的强度也随卸荷速率增大而明显降低，多呈张性、张剪性破坏。这表明，可以通过调整施工开挖的速度来控制或减缓岩爆的发生。

诸多学者就卸载速率对岩石力学性质的影响进行了大量的研究，取得了很多有意义的成果。陈卫忠等从能量原理角度，利用脆性花岗岩常规三轴实验研究了不同卸载速率下峰前，峰后卸围压能量积聚—释放全过程，指出不同卸载速率对应着不同的极限能量值，卸载速率越快，裂隙的传播和应力的转移不充分，能量得不到充分的释放，在破坏时释放的能量越大，破坏强度越大。黄润秋通过室内三轴卸荷试验发现卸载速率和初始围压越大，岩石的脆性及张性断裂特征越明显。张凯进行了大理岩室内卸围压试验得出围压卸载速率越大，岩样强度就越高的结论。邱士利等分析了不同围压卸载速率下，锦屏深埋大理岩的变形规律，发现大理岩的轴向变形和扩容过程受卸围压速率的影响很显著。王明洋等概括了含缺陷的岩体结构模型，得出卸载速率越快，缺陷处的应力集中越大，在深埋地下工程中，快速卸载将必然导致岩体的拉伸破坏。殷志强等利用改进后带三轴静压的 SHPB（分离式霍普金森压杆）装置对砂岩进行了改变围压卸载速率的动静组合冲击实验，发现卸载速率在 0.5～10MPa/s 范围变化时，动态抗压强度、能耗密度随着速率增大有降低趋势，而破坏块度分维值则随之增大。当速率值超过 200MPa/s 时，动态抗压强度、能耗密度开始增加，而破坏块度分维值则降低。杨建华等研究了深埋洞室岩体开挖卸荷诱导的围岩开裂机制，并指出开挖卸载速率越快，围岩中产生的附加动应力幅值越大，围岩的开裂效应越显著。卢自立等对变质砂岩进行了变围压和变卸载速率三轴实验，发现在相同的卸载速率下变质砂岩的极限储存能几乎成线性形态，即岩石破坏所需的能量在一定条件下有一定的规律可循，而较快的卸载速率使岩样破坏时释放的能量更小，说明岩样破坏前所能储存的极限储存能更少，这样岩爆就会更容易发生。

以上研究结果都是基于传统的假三轴试验进行卸围压研究，未对应变岩爆的影响机制和应变岩爆模拟过程中的卸载速率效应问题进行深入研究。

2. 岩石尺寸

工程设计所需的材料力学特性，通常是采用特定的尺寸规格和加压条件下的实验结果。而对应的实际结构单元无论在尺度上还是在承受荷载速率上都可能和实验条件有很大差异。

实验表明，岩石的某些力学参数常随试件尺寸变化而改变，表现为岩石力学特性的尺寸效应。岩石随其尺寸增大，单轴抗压强度减小，并由脆性向韧性过渡。Natau针对长径比为 2∶1 的石灰岩进行静态单轴压缩实验，发现岩石破坏强度随着试件尺寸的增大而降低，直至到 3.63MPa 后发生变化。倪红梅对端面有摩擦和无摩擦两种条件下同直径不同长度的岩样，进行了单轴压缩下的数值模拟研究，并对模拟结果寻求了实验验证，发现了岩石强度的长度效应是由于岩样端面摩擦效应所致，而并非根源于材料本身的非均质性。刘宝琛在岩石力学实验基础上，发现了不同岩样的强度衰减系数有很大差异，得出了三种岩样的抗压强度尺寸效应经验公式。梁昌玉利用变频动态加载岩石力学实验系统对不同尺寸的花岗岩试件进行中低应变率范围内的加载实验。结果表明静载和准动态加载条件下，岩石强度和峰值基本上随试件长度的增加而减小；割线模量 E_{50} 和线性段弹性模量 E_t 随试件尺寸的增大而增大，割线模量 E_{50} 和线性段弹性模量 E_t 随试件尺寸的增大而增大。王学滨利用剪切应变梯度塑性理论，假设剪切带内部的岩石为剪切破坏，建立了单轴受压岩石试件尺寸效应的塑性剪切应变梯度模型，并模拟了剪切带倾角、参数对单轴受压岩石试件软化段应力-应变关系的影响规律。潘一山采用同直径不同高度的砂岩试件进行了全应力应变实验，发现了砂岩的应变软化尺寸效应，即峰值强度随着试件高度增加，岩石脆性增大，验证了岩石应变软化尺寸效应的确实存在，并对该结果进行了梯度塑性理论分析。杨圣奇应用岩石破裂过程分析系统，对不同围压下不同尺寸岩石材料进行了数值模拟实验，研究了围压与岩石材料强度尺寸效应之间的关系。结果表明，围压越大，岩石材料强度尺寸效应越不明显。

以上研究结果对于认识岩石尺寸与力学性质之间的影响机制有重要的意义，但对应变岩爆实验中的尺寸效应问题研究较少。岩石发生岩爆时刻的应力状态十分复杂，岩石的尺寸效应问题及其对岩爆的发生的影响可通过真三轴卸载应变岩爆实验来进行具体研究。

3. 岩石组合形式

岩体结构效应包括岩层的组合关系和包含有节理、裂隙、层面等岩体结构。本书进行的岩石组合形式研究主要是针对岩层组合关系对岩爆发生的影响而展开的。根据以往工程实例统计分析，完整岩体通常能够储存更多的弹性应变能，因此更易发生岩爆破坏。岩石破坏时所需要消耗的耗散能相对较少，以岩块动能形式得以释放的能量相对较多，利于岩爆的发生。如果岩体存在明显的节理、裂隙、层面等结构，则受力后会有较大的塑性变形产生，能量会被耗散，则释放的能量相对减少，岩爆不易发生。

在工程实践中，经常会遇到不同的岩石组合形式，研究岩石组合形式对围岩稳定性具有重要的实际意义。韩玉浩通过建立相似材料模拟实验，进行了不同岩性组合岩层介质在不同组合状况下形成的结构性破断进行研究。顾铁凤用能量法分析了开采过程中不同岩石组合形式对煤体破碎吸收能量变化的影响规律。王占盛提出了预计导水裂隙带高度的理论分析力学模型并进行了不同岩石组合形式对导水裂隙带发育高度的影响。贾明魁指出岩石组合形式对巷道变形破坏特征有重要影响，通过对不同层状顶板岩石组合形式劣化过程的数值模拟分析得出：岩石组合形式劣化与顶板岩层组合中软弱夹层位置变化、坚硬岩层厚度及高跨比变化有关。Huang B. X. 对煤与岩石组合试件进行了不同加载速率下的单轴压缩实验，用以模拟煤矿开挖过程中的岩爆过程，组合体的弹性模量，峰值强度以及残余强度介于顶底板和煤层之间。

以上研究结果，对于岩石组合形式的影响机制有重要的意义；由于针对不同岩石组合形式的室内力学实验研究和基于岩石组合形式的应变岩爆室内模拟实验研究较少，可通过真三轴卸载应变岩爆实验开展相关问题研究。

1.2　研究现状

由于岩爆现象的复杂性及现场岩爆监测的困难性，室内应变岩爆实验一直是专家学者进行相关研究的重要手段，主要研究成果包括两方面：利用小尺寸岩石进行的室内力学实验和利用相似材料进行的室内大模型模拟实验。

很多学者通过进行单轴压缩、单轴及双轴动静载荷组合、真三轴加载和常规三轴卸载的岩爆试验来分析实验结果，研究应变岩爆机理和判断应变岩爆是否发生。S. H. Cho 等及 T. J. A. Wang & H. D. Park（2001）采用伺服三轴试验机对花岗岩岩芯样品进行了单轴及三轴实验，测定实验中应变能的积累及释放率，计算弹性应变势能，作为预测应变岩爆的因子，形成相关准则。Bagde M. N. & Petorsa V.（2005）则对岩石进行了单轴动循环加载、卸载的实验，用岩石在该过程的力学行为来评价其应变岩爆倾向性，用以解释开采过程中可能带来的稳定性问题。谷明成等和徐林生则进行了岩石的常规三轴加载、卸载实验来模拟应变岩爆的发生，从应力状态和岩石破坏形式建立与应变岩爆的关系。Burgert W 等利用模型实验，建立推导出了适用于材料本身特性的“岩爆倾向性”指标，该模型做出的定性分析与早期的理论预测有很好的吻合性。杨淑清等根据隧洞应变岩爆机制反映的力学性质研制了模型材料，其围岩破裂随荷载上升，破裂的发展至全破坏过程与隧洞原型相似性吻合很好。潘一山等利用松香、膨胀土、石膏等材料进行组合来模拟圆形硐室中脆性破坏材料发生的应变岩爆过程，证明了该方法的可行性，从失稳理论和模拟相似理论两方面进行了分析，找到了应变岩爆发生的临界荷载。陈陆望等为了研究应变岩爆破坏特征，通过物理模型材料正交实验，将具有应变岩爆倾向性的坚硬脆性岩体材料制作成了马蹄形洞室，进行了高应力条件下平面应变物理模型实验，证明了应变岩爆破坏主要在洞壁围岩初始破坏裂纹产生后在极短的时间与极窄的加载区间产生的破坏，破坏具有突发性。洞室围岩在发生应变岩爆破坏后，围岩应力要进行重新调整，在相对较长时间与加荷区间内围岩表现相对稳定。应变岩爆破坏过程的物理模拟结果与工程实际基本一致。陈文涛等利用松香相似材料模拟高静水压力状态下的岩体，从能量释放机制角度分析了模型实验结果，推导出了动力破碎型岩爆的应变能及剥落块体动能及速度计算公式。

尽管许多学者在室内进行了大量的应变岩爆实验，但都未能准确模拟现场岩爆过程中的应力状态转换过程和真实再现应变岩爆破坏过程。

何满潮设计了具有实现三向六面独立加载单面突然卸载功能的深部应变过程模拟岩爆应变实验系统。利用该系统的突然卸载装置，结合使用动态高速压力监测系统、声发射监试系统及高速摄影系统，模拟巷道开挖过程中岩体由开挖前的三向六面平衡态转化为开挖后的单面突然卸载的应力全过程，进而模拟由于该过程发生而产生的应变岩爆破坏工程现象，并针对相关物理力学数据进行测定。目前，利用该系统已对花岗岩、大理岩、砂岩、煤岩及石灰岩等不同岩性岩石进行了近 300 例的室内应变岩爆模拟实验。通过应变岩爆实验的多角度分析研究，如利用声发射信息进行了能量参数的岩石释能特征分析和波形处理的岩石频谱特征分析；收集实验后产生的应变岩爆碎屑，根据尺寸和形状进行粒度分类及分形特征计算分析；利用高速摄影系统捕捉应变岩爆裂纹扩展特征进行动态扩展速率分析；利用微观电镜扫描实验对岩爆产生的断面及碎屑进行微观结构特征分析等，结合岩爆发生原因和现场特征分析，提出了新的应变岩爆分类、应变岩爆路径和判别准则，加深了对应变岩爆本质特征规律的认识，将应变岩爆机理研究推进到一个新的阶段。

岩爆影响因素的实验研究十分有限，以下三方面仍有待进一步理解和认识：

（1）以往进行的应变岩爆实验影响因素研究都是进行的单轴、双轴或三轴室内实验，没有准确地再现岩石应变岩爆过程中的应力转化过程，岩爆影响因素的机理也没有在室内试验中得到很好的研究，需要在真三轴卸载应变岩爆试验中得到进一步完善和印证。

（2）目前针对卸载速率、岩石尺寸及岩石组合形式方面的研究大多集中在岩石破坏特征及基本力学参数方面的对比，而从宏观破坏特征和微观特征两个角度进行对比分析的研究较少。

（3）国内外开展关于卸载速率、岩石尺寸及岩石组合形式方面的声发射研究较少，需要对三组系列平行实验中的声发射信号进行参数分析，还要进行波形分析以便更好地理解破裂源特性，完善各因素的影响机制。

1.3　研究内容、方法及技术路线

1.3.1　研究内容

本书利用深部应变岩爆过程模拟实验系统对取自不同地区的花岗岩及片麻岩进行了三组系列平行应变岩爆模拟实验，得出卸载速率、岩石尺寸及岩石组合形式对岩爆破坏特征的影响，为了解岩爆破坏机制和预测岩爆的发生提供了影响机制方面的依据。主要研究内容包括以下部分：

（1）根据岩爆产生的内因和外因，结合实验系统特点对岩爆的影响因素——卸载速率、岩石尺寸和岩石组合形式开展研究。利用室内实验系统，确定实验方法，设计不同组别的平行实验方案。

（2）观察对比不同组别平行实验前后岩石试件的宏观破裂特征，收集产生的碎屑进行粒径筛分和三维尺寸量测，确定其尺度特征和形状特征，并利用微观电镜扫描（SEM）分析其微观结构。

（3）监测对比不同组别平行实验过程中的声发射信号特点，利用参数分析和波形分析两种手段处理相关数据，得到能量参数特征和波形时频特征，判断各种影响因素在岩爆声发射方面的异同。

1.3.2　研究方法

针对上述研究内容，采用室内应变岩爆模拟实验系统对三种重要影响因素进行平行实验，对实验结果进行多角度对比分析。

1. 室内应变岩爆实验准备

（1）搜集实验所用样品现场资料：包括工程地质、水文地质、围岩类型及物理力学特性、地应力场、岩爆坑及岩爆碎片的形态、几何尺寸等。

（2）对拟用岩石样品进行常规实验，主要包括基本的物理力学实验、微观结构和矿物成分分析等，来获得材料的基本参数，为实验荷载路径设计提供有力依据。

2. 室内应变岩爆模拟实验

利用真三轴条件下单面突然卸载的应变岩爆实验模拟方法，分别进行不同卸载速率、不同岩石尺寸及不同岩石组合形式的应变岩爆室内模拟平行实验，利用高速摄影系统记录岩爆破坏全过程，同时采集全过程应力、声发射参数和波形信息，收集实验后产生的碎屑。

3. 实验结果分析

挑选应变岩爆破坏全过程高速照片，观察破坏特征。对收集的碎屑进行粒径筛分实验，确定其尺度特征，对典型碎屑进行SEM微观电镜扫描实验，观察其微观特征。绘制应力演化图和声发射能量时间图，从能量角度分析影响机制，利用Matlab对应变岩爆声发射实验波形数据进行时频分析；利用快速傅里叶变换分析岩石在应变岩爆关键点处的幅值能量特征、时频特征及G-R公式b值计算等。

1.3.3 技术路线

本书研究的技术路线如图1.2所示。

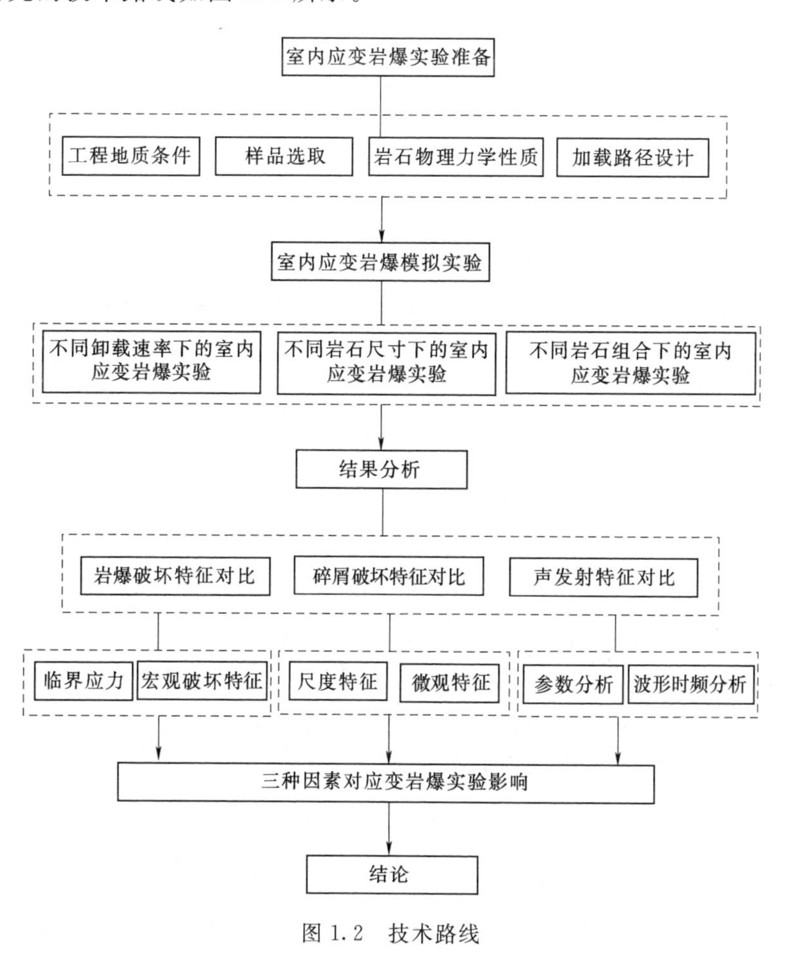

图1.2 技术路线

1.4　本章小结

岩爆是地下深埋隧道等建筑构筑物中经常遇到的地质灾害，严重威胁了人类生命财产安全。对岩爆机理进行深入研究，找到影响岩爆发生的重要因素，并结合室内实验，对不同因素进行多角度分析，确定各自的影响机制对预防灾害的发生具有重要意义。本书采用应变岩爆模拟实验系统特性确定了三种影响应变岩爆实验的重要因素，即卸载速率、岩石尺寸以及岩石组合形式；明确了将从临界破坏应力，宏观破坏模式以及碎屑尺度特征、微观特征，声发射参数及时频特征等多角度对该三种影响因素平行系列实验进行分析研究，并提出了相应的研究方法及技术路线。

第 2 章

室内应变岩爆实验方案

依据现场岩爆特征及岩爆过程应力转化过程而研发的深部岩爆模拟实验系统能够在室内再现岩石岩爆破坏现象，根据岩爆不同类型的应力发生条件确定了三种应变岩爆实验加载方法，分别模拟瞬时岩爆、滞后岩爆及岩柱岩爆。本章详细介绍了该实验系统及声发射监测系统的组成及参数，介绍了三种应变岩爆实验方法设计及其破坏准则，针对所要解决的问题提出了相应的实验设计，选取了实验所需的取自不同地点的花岗岩、片麻岩样品，并分析其矿物成分及微观结构特征。同时对样品进行基本的物理力学测试，为下一步的应变岩爆实验提供依据。

2.1 实验系统

2.1.1 系统组成

本书实验采用中国矿业大学（北京）深部岩土力学与地下工程国家重点实验室的深部岩爆过程模拟实验系统。该系统包括实验主机、液压控制系统和数据采集系统。其中，数据采集系统则包括动态高速压力监测系统、声发射（AE）监测系统和高速摄影系统。图2.1所示即为深部岩爆过程模拟、实验系统全景图。

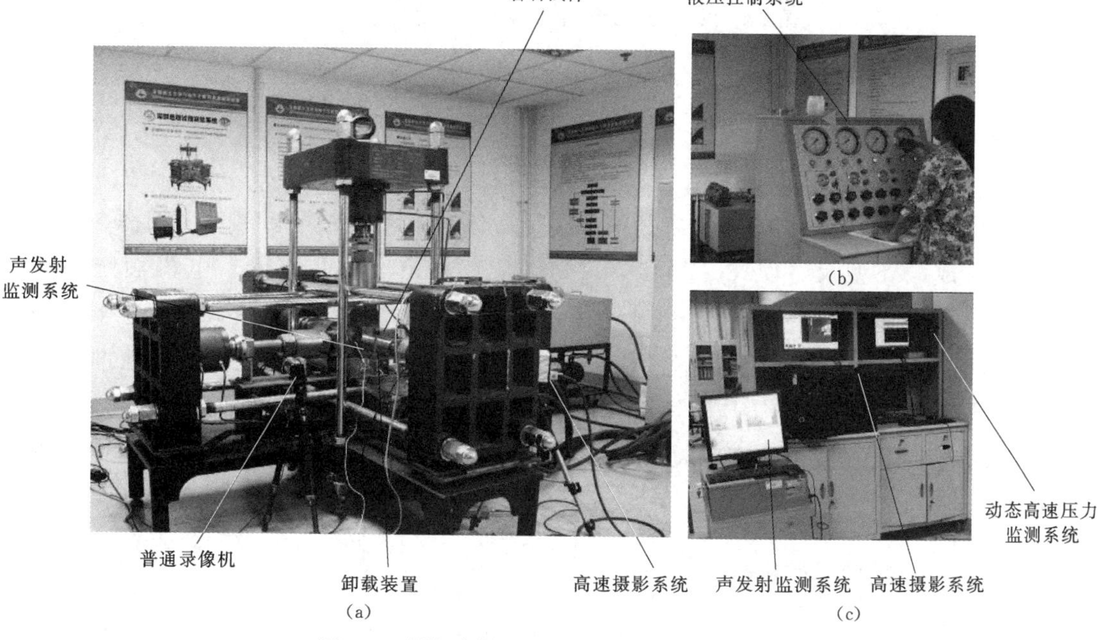

图2.1 深部岩爆过程模拟、实验系统全景图

2.1.2　实验主机

实验主机型号为 DURATS，尺寸为 2240mm×1960mm×1800mm，自重 2300kg，最大可承载压力为 450kN；标准岩石试件尺寸为 150mm×60mm×30mm，该尺寸是由实验机特征及现场孔洞高径比确定的。主机由荷载支承结构、传力结构、应变岩爆实验特殊结构等组成，可以实现三向独立加载单面突然卸载的功能，同时也可以完成单轴拉压实验，双轴三轴压缩实验，一向拉一向压、一向拉两向压、一向拉一向剪复合实验等。实验主机卸载装置及其三维立体示意图如图 2.2 所示。

图 2.2　实验主机卸载装置及其三维立体示意图

2.1.3　液压控制系统

液压控制系统主要由电动油泵和液压控制台组成，电动油泵由油箱、油滤、电机泵组等组成，外型尺寸为 800mm×450mm×900mm，总重 80kg，电机额定功率 2.2kW，额定电压 380kV。液压控制台由台柜、软管、单向阀、溢流阀、蓄能器、静态伺服阀、升压阀、降压阀、上腔供油阀、下腔供油阀、电接点压力表、标准压力表、气压表、指示灯、高压软管等组成，总重 100kg，外型尺寸为 950mm×840mm×1570mm。控制台加载由人工手动控制，荷载对称性偏差小于 3%，可以实现三个方向独立加卸载。

1. 动态高速压力监测系统

动态高速压力监测系统配备了 DSG9803 应变放大器和 USB8516 便携式数据采集

仪，其由传感器、放大器、数据采集仪、计算机及相关的处理软件组成，可自动、动态地对大量的测试数据进行准确、可靠的采集和编辑处理，设备进行8通道独立采集三向应力，采样频率为1～100kHz，系统精度为±0.5%±2MV（FS），满足实验对设备的要求，在普通加载阶段，采用低速采集，卸载后需要采用高速采集，用以捕捉岩石发生岩爆时的应力变化情况。

2. 声发射监测系统

岩石声发射是指岩石受外力或内力作用产生变形或断裂破坏，以应力波形式释放出应变能的现象。它能够定量地描述脆性岩石在受荷变形过程中内部晶格错位或微裂纹扩展演化规律，一定程度上代表了其脆性破裂过程中的能量释放和损伤程度。很多学者利用声发射监测手段对岩石力学特性进行了大量有价值的研究，得到了许多有意义的结果。岩爆实质上也是一种岩石受特殊复杂载荷情况下的破坏过程，其本身可以利用声发射进行微震监测。因此在室内应变岩爆模拟实验过程中，都进行了声发射测试。

本书采用美国物理声学公司提供的PCI-2型声发射监测系统，包括声发射传感器、前置放大器、声发射采集卡、声发射系统软件和电缆附件。配备的WD系列宽频传感器，其频响范围为100Hz～1MHz，采样率为2Ms/s，即每秒采集2M数据点。前放设置为20dB增益，门槛值定位50dB。图2.3为WD系列宽频传感器探头及其灵敏度频响标定曲线。

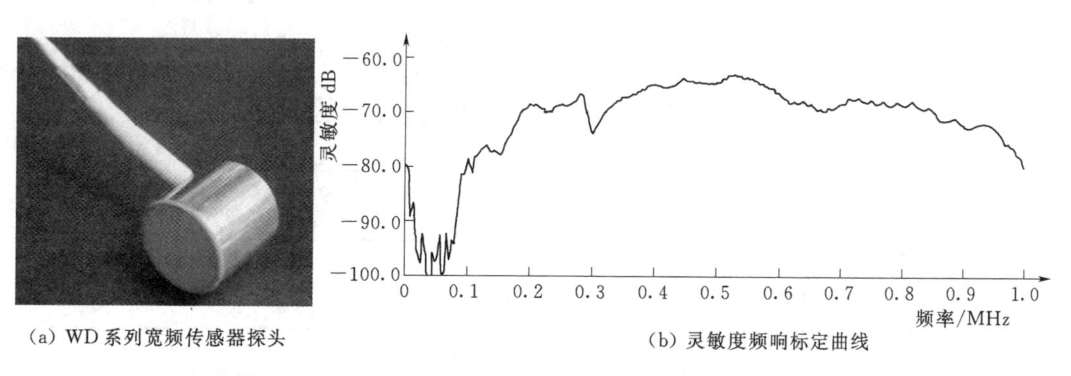

(a) WD系列宽频传感器探头　　(b) 灵敏度频响标定曲线

图2.3　WD系列宽频传感器探头及其灵敏度频响标定曲线

3. 高速摄影系统

为了捕捉岩石岩爆破坏过程特征，实验采用高速摄影系统进行拍摄。该系统能够在1024PPI×1024PPI图像分辨率条件下以1000帧/s的拍摄速度进行拍摄。根据磁盘空间，可以连续拍摄30min，一般能够满足实验要求。通过高速摄影系统拍摄到的高速照片，能够清晰再现岩石卸载面裂纹发育、扩展直至贯通全过程，以及后期的碎屑弹出，岩石体整体爆裂等动态过程，便于更好地通过岩石动力学特性来理解和认识岩爆灾害。

2.2　实验方法

基于岩石岩爆发生机理，岩爆可以分为应变岩爆和冲击岩爆两类。依据岩石破坏位置及应力转化过程，应变岩爆可以分为瞬时应变岩爆、滞后应变岩爆及岩柱应变岩爆。针对这三类应变岩爆，提出了三种基本实验方法。

1. 瞬时应变岩爆

瞬时应变岩爆是指发生应变岩爆的进程快，第一阶段很短，卸载或开挖后即发生应变岩爆，无明显第二、第三阶段。瞬时应变岩爆一般对应着工程进入深部之后，围岩最大主应力与岩体的单轴抗压强度比值较高的条件下发生的。通过三向加载-单面突然卸载-轴向荷载保持不变进行模拟，观察试件破坏情况。加载实验方法示意图及对应 Hoek - Brown 强度准则示意图如图 2.4 所示。瞬时应变岩爆加载实验中试件应力状态转化过程示意图如图 2.5 所示。

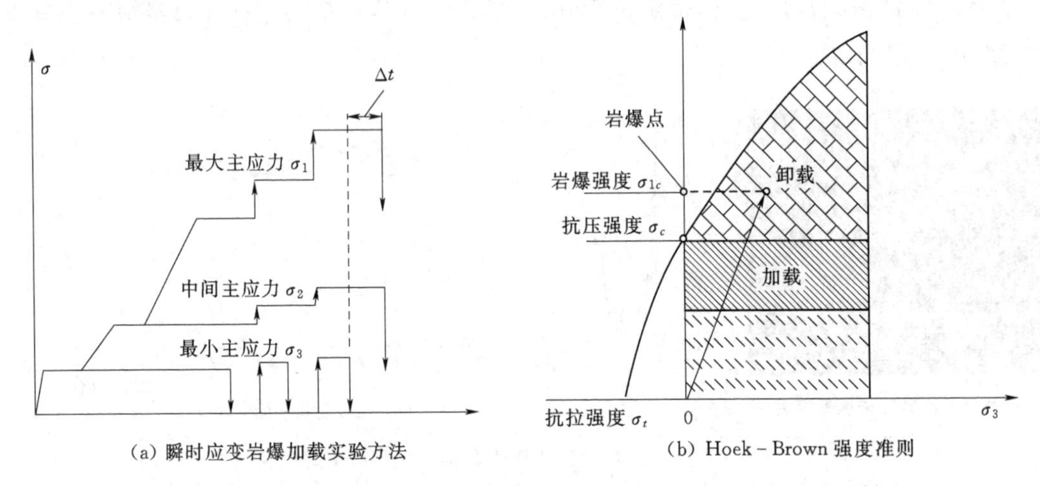

(a) 瞬时应变岩爆加载实验方法　　(b) Hoek - Brown 强度准则

图 2.4　瞬时应变岩爆加载实验方法及对应 Hoek - Brown 强度准则示意图

2. 滞后应变岩爆

滞后应变岩爆是指在应变岩爆实验过程中，当处于三向应力状态的试件一面卸载之后，外荷载与岩石强度相比较低，试件处于稳定状态，只有在较长的时间作用下岩石强度降低或某一向或两向荷载时才发生的岩爆。滞后应变岩爆的第一阶段较长，第

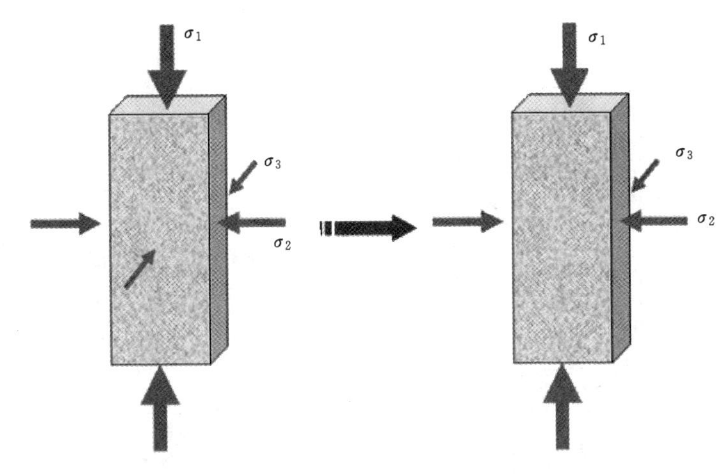

图 2.5 瞬时应变岩爆加载实验中试件应力状态转化过程示意图

二～四阶段均有发育，时间不等。通过三向加载-单面突然卸载-轴向加载进行模拟，观察试件破坏情况。其滞后应变岩爆加载实验方法及对应 Hoek - Brown 强度准则示意图如图 2.6 所示。其滞后应变岩爆加载实验中试件应力状态转化过程示意图如图 2.7 所示。

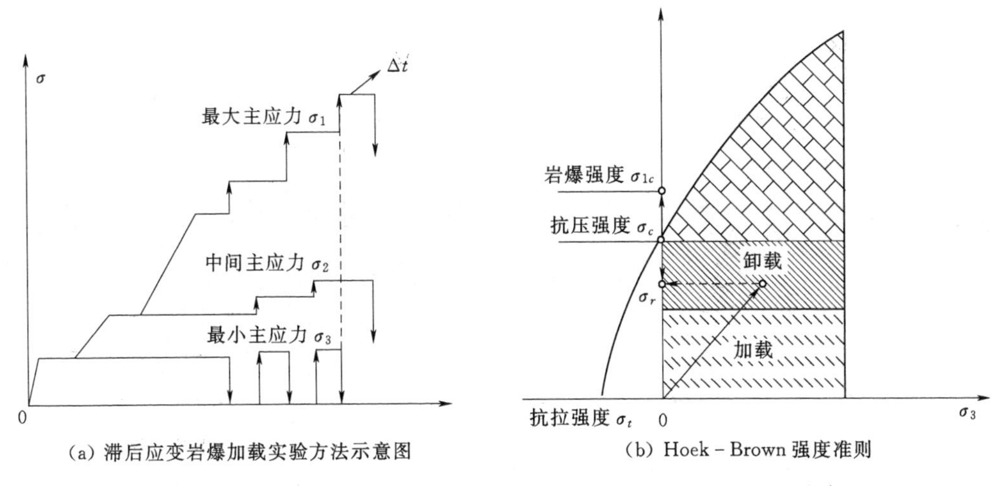

图 2.6 滞后应变岩爆加载实验方法及对应 Hoek - Brown 强度准则示意图

3. 岩柱应变岩爆

岩柱应变岩爆是指由于开挖预留岩柱或者煤柱时，随着开挖的进行，矿柱尺寸变细，竖向应力 σ_1 增大，而水平侧向应力 σ_3 减小，当应力状态突破 Hoek－Brown 准则曲线时，岩柱岩爆即会发生。在地下工程、隧道工程中，尤其在采矿工程中随着开采的不断进行，开挖后残留岩柱受到的荷载会不断增大，当荷载超过岩柱的极限承载力时，即发生岩柱应变岩爆。实验方法为三向加载-单面分级卸载、轴向分级加载再突

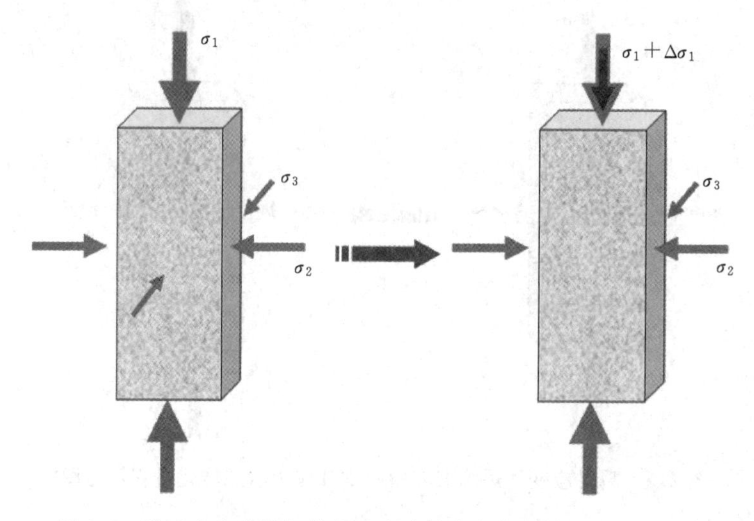

图 2.7 滞后应变岩爆加载实验中试件应力状态转化过程示意图

然暴露-轴向加载至破坏来模拟，观察试件破坏情况。岩柱应变岩爆加载实验方法及对应 Hoek - Brown 强度准则示意图如图 2.8 所示，岩柱应变岩爆加载实验中试件应力状态转化过程示意图如图 2.9 所示。

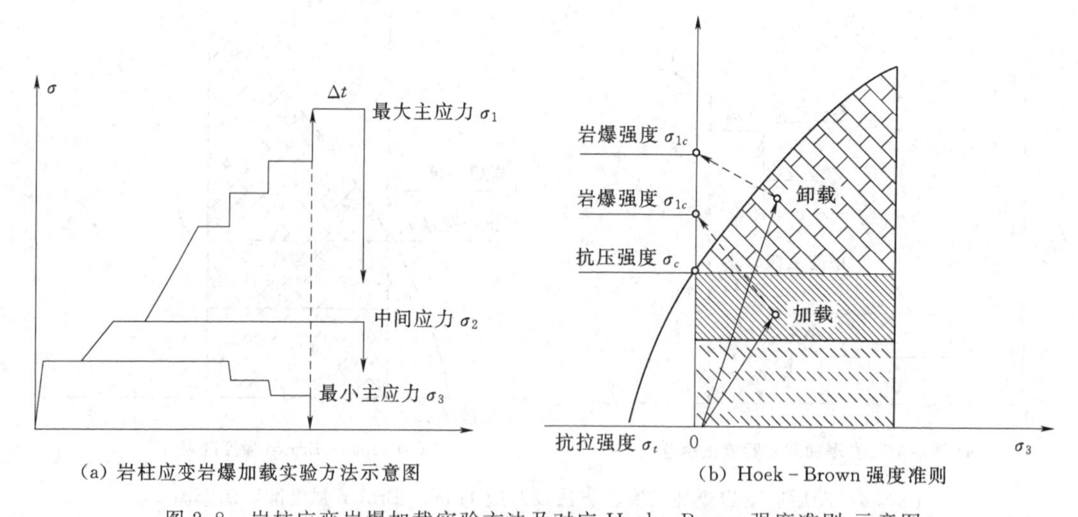

图 2.8 岩柱应变岩爆加载实验方法及对应 Hoek - Brown 强度准则 示意图

对岩石试件进行基本物理力学测试等应变岩爆实验前测试及准备工作之后，开始进行室内应变岩爆模拟实验，其操作步骤如下：

(1) 首先将试件置于三向加载压头中间，使试件中心与加载中心重合。各方向压头固定后，加装应力测试传感器及声发射传感器，做好采集准备工作。放置并调试普通摄影设备及高速摄影系统，以记录卸载后试件表面的破坏情况。加载前将测量力的各通道清零，三向施加较小的力。

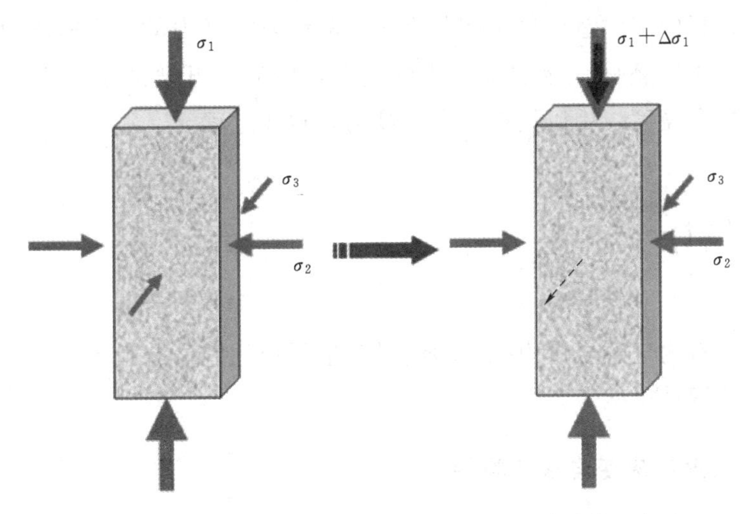

图 2.9 岩柱应变岩爆加载实验中试件应力状态转化示意图

（2）根据现场实测地应力结果，设计初始围压状态三向应力，可取单轴抗压强度的$\frac{1}{10}$～$\frac{1}{8}$作为每级加载值，均匀施加各级载荷，直至加到设计初始深度处岩石三向围压状态。

（3）对于模拟瞬时型岩爆，保持在该初始围压状态 15min 或 30min 后立即单面突然卸载水平最小主应力 σ_3，同时保持另外两个方向应力 15min 或 30min，观察试件表面是否发生破坏，如果岩爆发生，则实验结束；如果无岩爆破坏现象产生，则将三个方向应力调整至下一深度处对应的原岩应力状态，保持 15min 或 30min；再次单面突然卸载，另外两个方向应力保持 15min 或 30min，继续观察试件表面变化情况，如此反复直至岩爆发生。对于模拟滞后型岩爆，保持在该初始围压状态 15min 或 30min 后立即单面突然卸载水平最小主应力 σ_3，同时保持水平主应力 σ_2 而增加最大主应力 σ_1 模拟应力集中现象，保持 15min 或 30min，观察试件表面是否发生破坏，如果岩爆发生，则实验结束。如果无岩爆破坏现象产生，则将三个方向应力调整至下一深度处对应的原岩应力状态，保持 15min 或 30min。再次单面突然卸载，同时保持水平主应力 σ_2 而增加最大主应力 σ_1 模拟应力集中现象，保持 15min 或 30min，继续观察试件表面变化情况，如此反复直至岩爆发生。对于模拟岩柱型岩爆，保持在该初始围压状态 15min 或 30min 后单面逐级卸载最小主应力 σ_3，同时保持水平主应力 σ_2 而逐级加载最大主应力 σ_1，保持 15min 或 30min，观察试件表面是否发生破坏，如果岩爆发生，则实验结束。如果无岩爆破坏现象产生，则将三个方向应力调整至下一深度处对应的原岩应力状态，保持 15min 或 30min。再次逐级卸载最小主应力 σ_3，同时保持水平主应力 σ_2 而逐级加载最大主应力 σ_1，保持 15min 或 30min，继续观察试件表面变化情况，如此反复直至岩爆发生。

在实验全过程中应注意：每次卸载完成之前都要打开力动态高速压力监测系统的高速采集模式，用以精确记录岩爆应力降过程，同时打开普通录像机和高速摄影系统，调整好位置和亮度，用以捕捉应变岩爆动态破坏过程。

2.3　实验设计

对岩石试件室内应变岩爆模拟实验结果产生影响的因素有很多，本书根据三方面提出相应的实验设计框架。

1. 不同卸载速率应变岩爆实验特征

本实验在使用相同实验仪器和岩石性质情况下，仅改变卸载速率，来观察围岩稳定性以及应变岩爆发生可能性。设计四组对比实验：①150mm×60mm×30mm 标准花岗岩试件突然卸载应变岩爆实验；②150mm×60mm×30mm 标准花岗岩试件在卸载速率为 0.1MPa/s 时的应变岩爆实验；③150mm×60mm×30mm 标准花岗岩试件在卸载速率为 0.05MPa/s 时的应变岩爆实验；④150mm×60mm×30mm 标准花岗岩试件卸载速率为 0.025MPa/s 时的应变岩爆实验。四组卸载速率岩爆应力加载示意图如图 2.10 所示。

2. 不同岩石尺寸应变岩爆实验特征

本实验在使用相同实验仪器和加载方式情况下，仅改变岩石岩样的高度，来观察围岩稳定性以及应变岩爆发生可能性。设计四组对比实验：①150mm×60mm×30mm 标准试件的滞后应变岩爆实验；②120mm×60mm×30mm 试件滞后应变岩爆实验；③90mm×60mm×30mm 试件滞后应变岩爆实验；④60mm×60mm×30mm

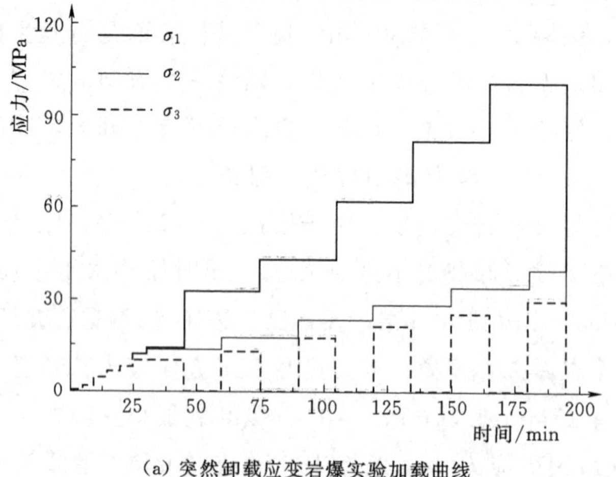

(a) 突然卸载应变岩爆实验加载曲线

图 2.10（一）　四组卸载速率岩爆应力加载示意图

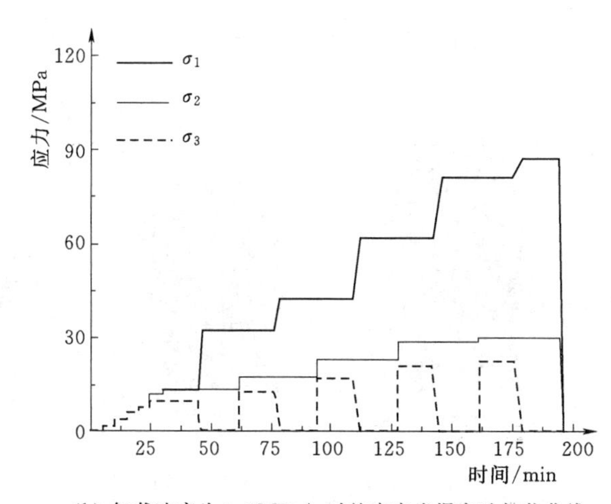

（b）卸载速率为 0.1MPa/s 时的应变岩爆实验加载曲线

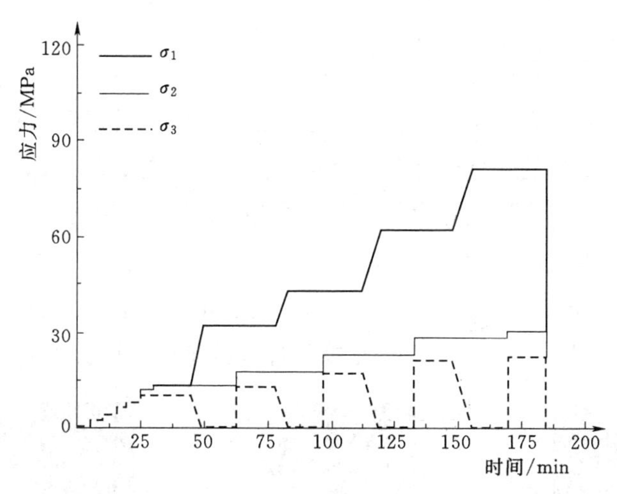

（c）卸载速率为 0.05MPa/s 时的应变岩爆实验加载曲线

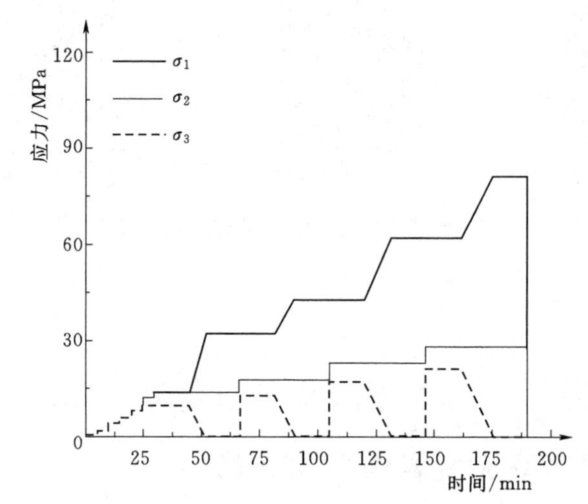

（d）卸载速率为 0.025MPa 时的应变岩爆实验加载曲线

图 2.10（二）　四组卸载速率岩爆应力加载示意图

试件滞后应变岩爆实验。不同尺寸花岗岩试件示意图如图2.11所示。

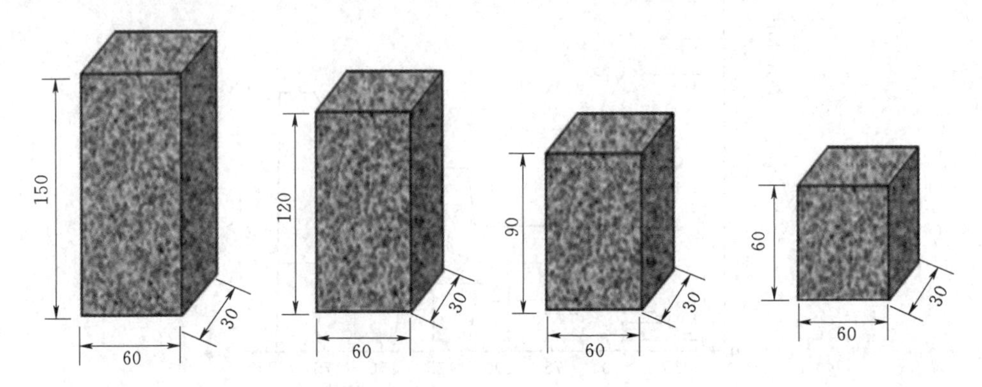

图2.11　不同尺寸花岗岩试件示意图（单位：mm）

3. 不同岩石组合应变岩爆实验特征

本实验在使用相同实验仪器情况下，通过改变岩石试件的组合形式，来观察围岩稳定性以及应变岩爆发生的可能性。设计三组对比试验：①完整花岗岩150mm×60mm×30mm标准试件分步卸荷应变岩爆试验（岩柱应变岩爆）；②完整片麻岩150mm×60mm×30mm标准试件分步卸荷应变岩爆试验（岩柱应变岩爆）；③花岗岩-片麻岩组合试件（上部花岗岩75mm×60mm×30mm，下部片麻岩75mm×60mm×30mm）分步卸荷应变岩爆试验（岩柱应变岩爆）。不同岩石组合室内应变岩爆实验试件示意图如图2.12所示。

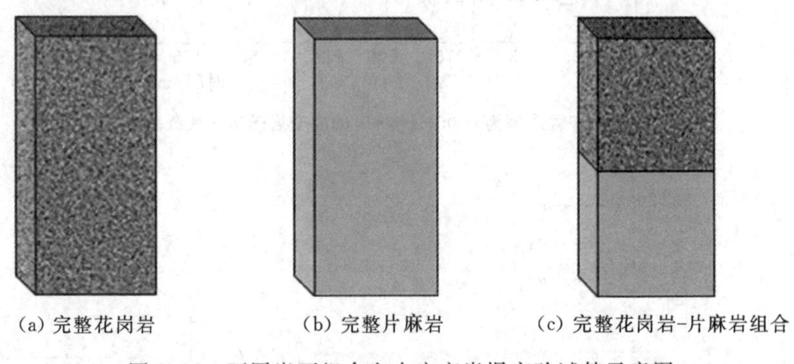

(a) 完整花岗岩　　(b) 完整片麻岩　　(c) 完整花岗岩-片麻岩组合

图2.12　不同岩石组合室内应变岩爆实验试件示意图

2.4　样品选取

2.4.1　不同卸载速率应变岩爆实验样品

本实验试件取样自甘肃省北山白皎矿预选区，埋深为500m。其地质背景、矿物成分、微观结构和基本物理力学性质如下。

1. 地质背景

实验试件取样所在区域先后经历了一期 NE 向挤压构造，形成相岭向斜、罗场向斜、长宁双河大背斜构造；二期 NW 向挤压构造运动，形成双河场褶皱、符江向斜、珙长背斜等，而矿区处于两期构造的中间地带，先后受两次挤压构造运动的作用，导致矿区岩层中抗压强度较低的岩体在达到抗压极限时发生了塑性变形，形成了断层、褶曲和层滑构造，形成了很多密集的断层；双向挤压造成部分残余的构造应力存储于抗压强度较高岩层中，引起矿井水平构造应力很高，在巷道开挖后导致能量突然释放，造成冲击地压的发生。

北山花岗岩属于典型的脆性硬岩，具有储存弹性应变能的良好能力，这是岩爆发生的内因条件，而地下工程开挖导致岩体内的弹性应变能突然释放，为岩爆的发生创造了外因条件。因此，进行北山花岗岩岩爆试验，在真三轴实验室条件下再现岩爆现象，可以详细分析岩爆发生条件和岩爆发展过程，探究岩爆在不同应力路径下的成因机制，进而为进行岩爆倾向性评价提供理论支撑。此外，大量现场观察表明，对于深部硬岩地下工程，岩体在开挖边界附近经常表现出脆性劈裂破坏形式，这种破坏形式与其所处围压环境密切相关。在开挖边界通常存在 $\sigma_3=0$，$\sigma_1\neq0$，$\sigma_2\neq0$，由于传统三轴试验设备的限制，从室内试验的角度研究中间主应力对开挖边界附近脆性劈裂破坏的形成和强度的影响还鲜见研究。因此，在岩爆模拟试验系统上进行北山花岗岩岩爆与脆性劈裂破坏特性试验的研究工作，探讨岩爆和硬岩脆性破坏的触发条件，从为高放废物深地质处置的工程稳定性研究提供理论基础与试验依据，是十分必要的。

2. 矿物成分

北山花岗岩矿物成分主要为石英、钾长石和斜长石，黏土矿物含量 1.3%。岩石试件较完整致密，灰色，原生裂隙很少。花岗岩室内应变岩爆实验标准试件及其 X 射线衍射实验用碎屑如图 2.13 所示。图 2.14 为该岩石样品的全岩矿物和黏土矿物 X 射

(a) 岩爆标准试件

(b) X 射线衍射实验用碎屑

图 2.13 花岗岩室内应变岩爆实验标准试件及其 X 射线衍射实验用碎屑

线衍射分析谱图，表2.1、表2.2分别为其全岩矿物成分表和黏土矿物成分表。

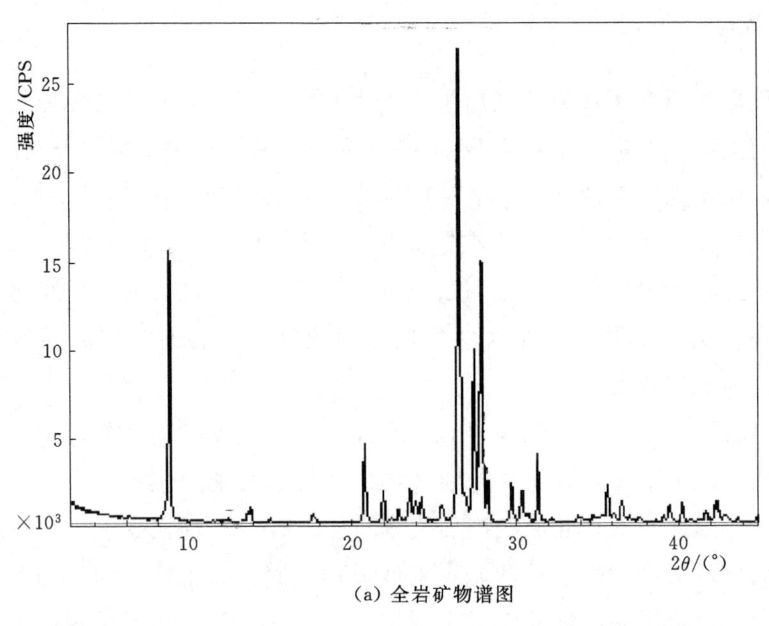

(a) 全岩矿物谱图

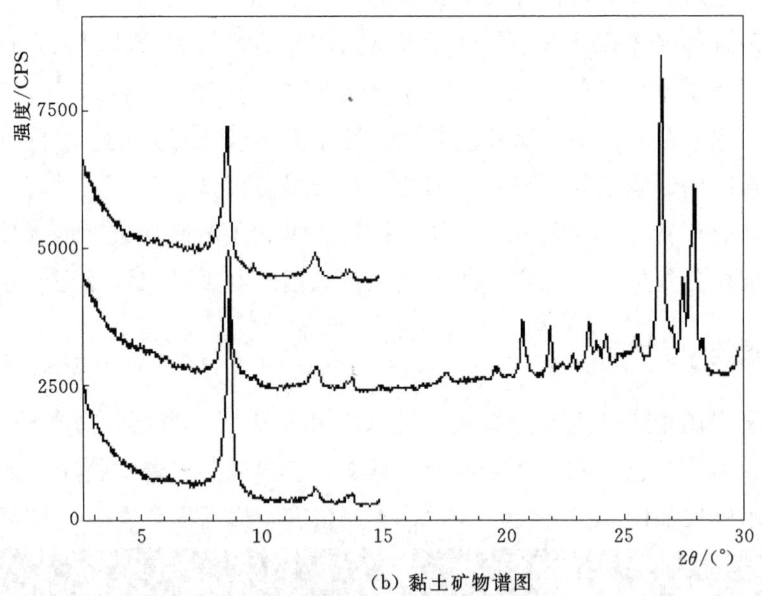

(b) 黏土矿物谱图

图2.14　花岗岩X射线衍射分析结果

表2.1　花岗岩样品X射线衍射全岩矿物成分表　%

岩性	编号	矿物种类和含量					黏土矿物总量
		石英	钾长石	斜长石	方解石	云母类	
花岗岩	1#	30.9	13.5	27.0	—	27.3	1.3

表 2.2 花岗岩样品 X 射线衍射黏土矿物成分表

岩性	编号	黏土矿物相对含量/%						混层比/(%S)	
		S	I/S	I	K	C	C/S	I/S	C/S
花岗岩	1#	—	8	80	7	5	—	35	—

3. 微观结构

岩石表面微观结构中溶孔、原生裂隙的存在影响着岩石的物理力学性质，是造成岩石非均质性及力学特性差异的主要原因。所以岩石的微观结构特征决定了岩石的原始损伤状态，也影响着加载后其原始损伤的演化发展方向与扩展分布范围。因此，分析岩石的微结构，对进一步研究岩石损伤演化及微裂纹扩展规律，以及岩体的破坏及强度特性至关重要。有关岩石微结构方面的研究取得了不少的成果。

为了了解岩石应变岩爆实验前初始损伤情况，从实验前加工岩石样品剩余的碎屑中挑选，找到未经受损伤或外力敲击的碎屑，对其表面进行 SEM 电镜扫描实验，观察其表面微观特征。图 2.15 为甘肃省北山花岗岩碎屑表面微观结构图，放大 100 倍

(a) 表面致密

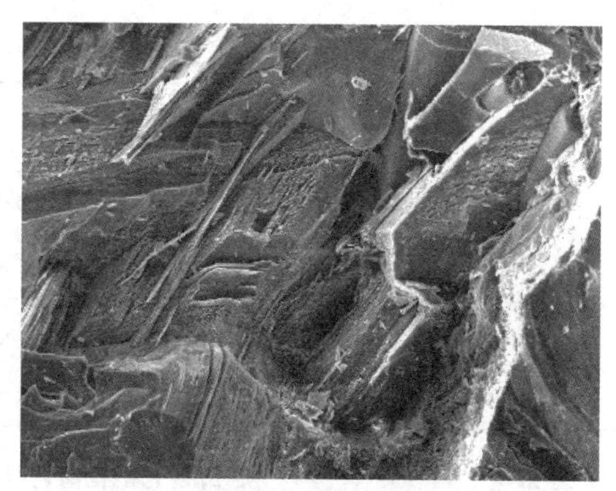

(b) 黑云母与绿泥石紧密接触

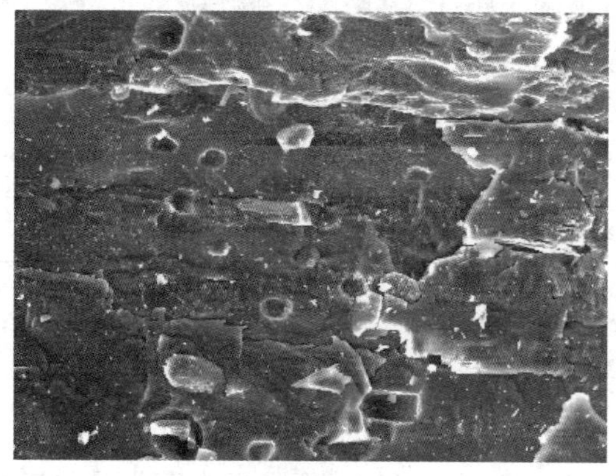

(c) 斜长石内部溶孔

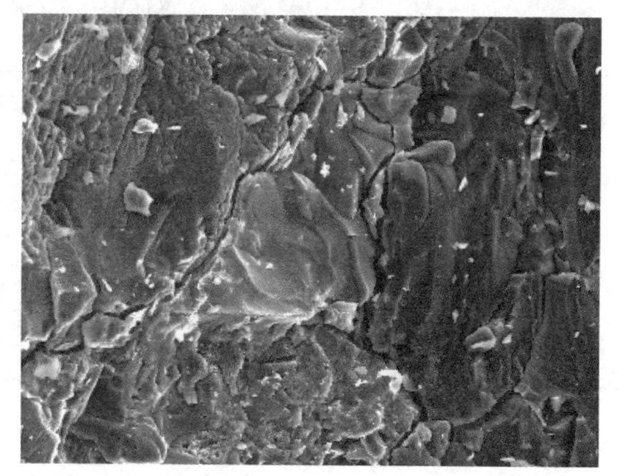

(d) 石英与斜长石之间沿晶裂纹、斜长石内部穿晶裂纹

图 2.15 甘肃省北山花岗岩实验前电镜扫描 SEM 图片

时，碎屑表面较为致密，有少量微观裂隙；放大500倍时，黑云母与绿泥石之间有少量微孔隙，直径为10～30μm；放大1000倍时，可以看到斜长石晶体内部溶孔，在斜长石晶体内部发育有穿晶裂纹，在斜长石晶体和石英晶体之间有沿晶裂纹。

4. 基本物理力学性质

对花岗岩样品进行基本物理力学测试，能够更好地认识岩石性质，同时使室内应变岩爆实验方案设计更加合理。因此，实验前应对实验样品进行拍照、质量及尺寸量测，利用非金属声波检测仪进行纵波和横波的速度量测，利用单轴压缩实验确定花岗岩岩石的单轴抗压强度，弹性模量和泊松比等。

具体参数及实验结果见表2.3、表2.4，由表可知该类花岗岩岩石块体密度集中在2.60～2.62g/mm^3，平均纵波波速为3080m/s，四个样品波速相差不大，可以认为岩石内部较为均一，四件长方体试件分别对应四种卸载速率，即突然卸载和卸载速率为0.1MPa/s、0.05MPa/s、0.025MPa/s。该类花岗岩岩石平均单轴抗压强度为73.9MPa，平均弹性模量为53.8GPa，平均泊松比为0.167。

表2.3　甘肃省北山花岗岩室内应变岩爆实验样品基本物理参数

岩性	编号	尺寸 /(mm×mm×mm)	质量 /g	块体密度 /(g·cm^{-3})	纵波波速 /(m·s^{-1})	横波波速 /(m·s^{-1})	实验设计分类
花岗岩	1#	150.2×60.1×30.2	709.6	2.60	3176	1806	突然卸载
	2#	150.0×60.1×30.0	709.0	2.62	3319	1937	0.1MPa/s卸载
	3#	150.0×60.1×30.1	710.4	2.61	2977	1845	0.05MPa/s卸载
	4#	150.2×60.1×30.2	712.2	2.61	2850	1729	0.025MPa/s卸载

表2.4　甘肃省北山花岗岩样品单轴压缩实验结果

岩性	编号	直径 D /mm	高度 H /mm	质量 m /g	单轴抗压强度 σ_c/MPa	弹性模量 E/GPa	泊松比 μ
花岗岩	1#	49.24	102.68	514.9	72.5	50.9	0.194
	2#	49.24	100.9	515.3	67.66	54.6	0.15
	3#	49.42	100.32	502.3	81.46	55.9	0.157

2.4.2　不同岩石尺寸岩爆系列实验样品

本组实验用样品取自新疆天湖地段预选区，埋深500m。样品的地质背景、矿物成分、微观结构及基本物理力学性质分别如下。

1. 地质背景

天湖花岗岩岩体属于脆性硬岩，具有储存弹性应变能的良好能力，这是岩爆发生的内因条件，而地下工程开挖导致岩体内的弹性应变能突然释放，为岩爆的发生创造了外因条件。因此，在真三轴实验室条件下再现岩爆现象，可以详细分析岩爆发生条件和岩爆发展过程，探究岩爆在不同应力路径下的成因机制，进而为进行岩爆倾向性评价提供理论支撑。

2. 矿物成分

天湖花岗岩矿物成分主要为石英、钠长石和云母类，黏土矿物含量1.3%。岩石试件较完整致密，灰色，原生裂隙很少。花岗岩室内应变岩爆变高度试件及其X射线衍射实验用碎屑如图2.16所示。图2.17为该岩石样品的全岩矿物和黏土矿物X射线衍射分析谱图，表2.5、表2.6分别为花岗岩样品X射线衍射全岩矿物和黏土矿物成分表。

(a) 变高度岩爆试件

(b) X射线衍射实验用碎屑

图2.16 花岗岩室内应变岩爆实验变高度试件及其X射线衍射实验用碎屑

表2.5 花岗岩样品X射线衍射全岩矿物成分表 %

岩性	编号	矿物种类和含量							黏土矿物总量
		石英	钾长石	钠长石	方解石	白云石	云母类	角闪石	
花岗岩	1#	35.0	—	42.7	—	3.0	16.3	1.6	1.4

表2.6 花岗岩样品X射线衍射黏土矿物成分表

岩性	编号	黏土矿物相对含量/%						混层比/(%S)	
		S	I/S	I	K	C	C/S	I/S	C/S
花岗岩	1#	—	10	80	2	3	—	5	—

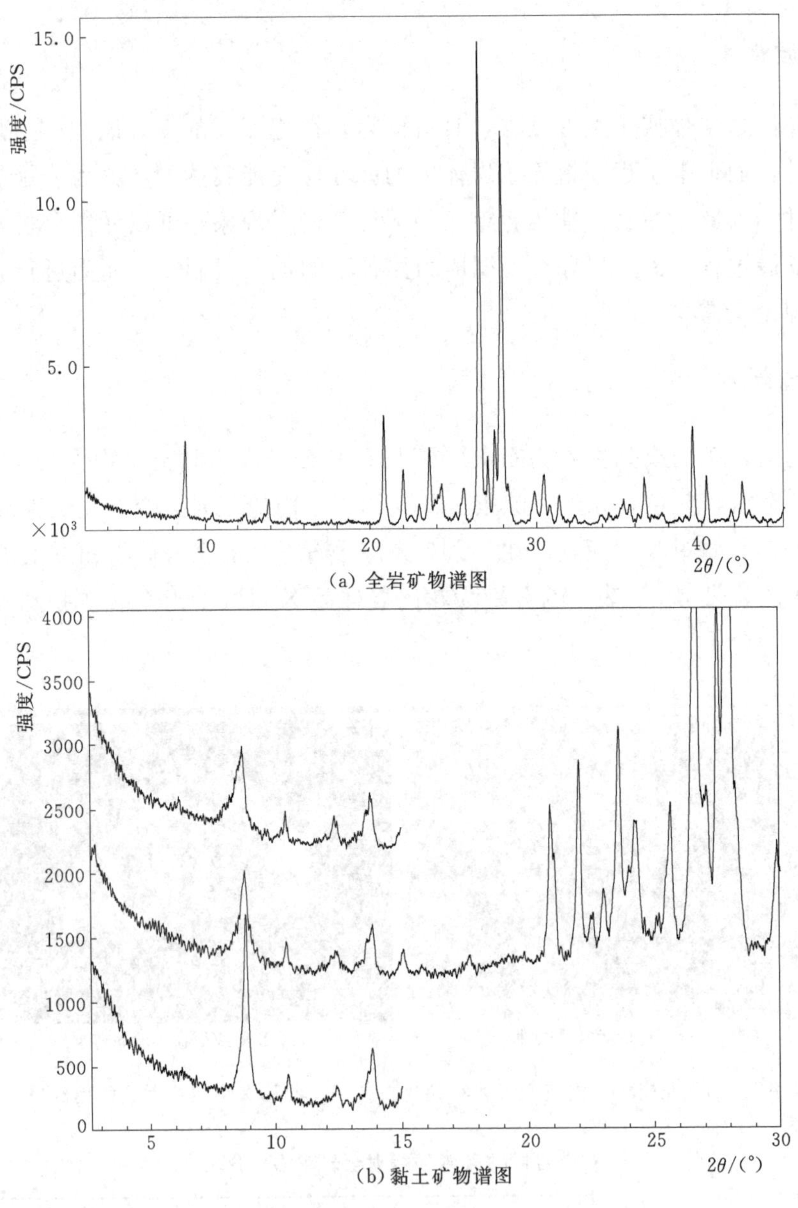

图 2.17　花岗岩 X 射线衍射分析结果

3. 微观结构

为了确定花岗岩微观结构特征，从实验前加工岩石样品剩余的碎屑中进行挑选，找到未经受损伤或外力敲击的碎屑，对其表面进行 SEM 电镜扫描实验，观察其表面微观特征。图 2.18 为天湖花岗岩实验前电镜扫描 SEM 图片，放大 100 倍时，碎屑表面较为致密，有少量微观裂隙，黑云母与斜长石紧密接触且存在有少量微孔隙；放大 300 倍时，可以清晰地看到碎屑表面微观裂隙及微孔隙；放大 1000 倍时，可以看到角闪

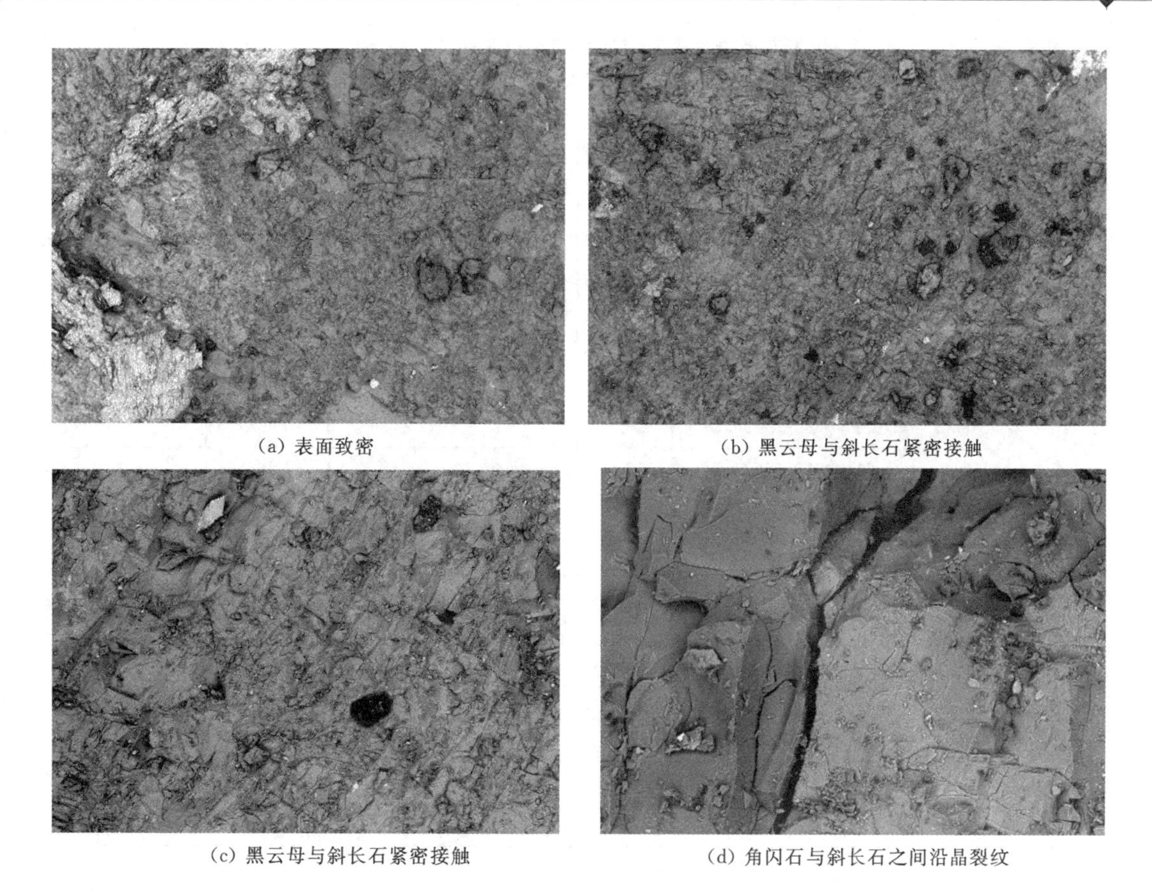

(a) 表面致密　(b) 黑云母与斜长石紧密接触

(c) 黑云母与斜长石紧密接触　(d) 角闪石与斜长石之间沿晶裂纹

图 2.18　天湖花岗岩实验前电镜扫描 SEM 图片

石与斜长石之间发育的沿晶裂纹。

4. 基本物理力学性质

实验前对天湖花岗岩实验样品进行拍照、质量及尺寸量测、利用非金属声波检测仪进行纵波，横波的速度量测以及利用单轴压缩实验确定花岗岩岩石的单轴抗压强度、弹性模量和泊松比等。天湖花岗岩室内应变岩爆实验样品基本物理参数见表 2.7。其单轴压缩实验结果见表 2.8。该类花岗岩岩石平均纵波波速为 4080m/s，10 个岩样波速相差不大，可以认为岩石内部较为均一。该类花岗岩岩石平均单轴抗压强度为 162.7MPa，平均弹性模量为 50.5GPa，平均泊松比为 0.267。

2.4.3　不同岩石组合形式岩爆系列实验样品

本组实验用样品取自内蒙古自治区乌兰察布市集宁区某铁路隧道，样品的地质背景，矿物成分，微观结构及基本物理力学性质分别如下：

表 2.7　　天湖花岗岩室内应变岩爆实验样品基本物理参数

岩性	编号	尺寸 /(mm×mm×mm)	质量 /g	块体密度 /($g \cdot cm^{-3}$)	纵波波速 /($m \cdot s^{-1}$)	横波波速 /($m \cdot s^{-1}$)	实验设计分类
花岗岩	G1	150.7×60.9×30.8	744.1	2.63	4017	2545	试件高度 H=150mm
	G2	150.4×60.9×30.8	745.6	2.64	3997	2831	
	G4	120.6×60.9×30.7	596.7	2.65	3970	3970	试件高度 H=120mm
	G5	120.6×60.9×30.8	599.2	2.65	4001	3060	
	G6	120.5×60.9×30.8	598.4	2.65	4012	3283	
	G7	90.6×60.7×30.8	448.1	2.65	4100	3352	试件高度 H=90mm
	G8	90.7×60.9×30.8	448.6	2.64	4128	3422	
	G10	60.8×60.9×30.7	300.5	2.64	4182	3263	试件高度 H=60mm
	G11	60.7×60.8×30.8	300.6	2.64	4196	3407	
	G12	60.7×60.7×30.7	299.2	2.65	4205	3648	

表 2.8　　天湖花岗岩样品单轴压缩实验结果

岩性	编号	直径 D /mm	高度 H /mm	单轴抗压强度 σ_c/MPa	弹性模量 E/GPa	泊松比 μ
花岗岩	1#	50.0	100.0	154.9	51.88	0.29
	2#	50.0	100.0	166.7	52.77	0.28
	3#	50.0	100.0	166.6	46.81	0.23

1. 地质背景

集宁岩体呈规则的岩株状产出，基本呈 NEE 向分布，长约 8km，宽约 5km，面积 $32km^2$。中细粒花岗变晶结构，局部鳞片状和片状花岗变晶结构，块状或片麻状构造。由于同化混染作用不均匀，矿物含量变化较大，脉岩比较发育。据岩石化学特征，从酸性到基性均有分布。其种类有花岗岩细晶岩、花岗伟晶岩、花岗斑岩、石英脉、石英斑岩、闪长岩、闪长玢岩、花岗闪长岩、角闪正长岩及辉绿岩、辉绿玢岩、辉长岩、煌斑岩、含磷灰石的透辉石伟晶体岩脉等。文象花岗伟晶岩脉极其发育，反映了岩体的剥蚀深度为中等。浅表部节理裂隙很发育，全风化-强风化，多石英和钾长石矿物碎屑。

2. 矿物成分

花岗岩矿物成分主要为钾长石、斜长石和石英，黏土矿物含量 3.0%；粗晶块状结构，致密，灰色，肉眼未见裂纹，其室内应变岩爆实验标准试件如图 2.19（a）所示，图 2.19（b）为 X 射线衍射实验用碎屑。图 2.20 为集宁花岗岩 X 射线衍射分析结果。表 2.9、表 2.10 分别为集宁花岗岩样品 X 射线衍射全岩矿物和黏土矿物成分表。

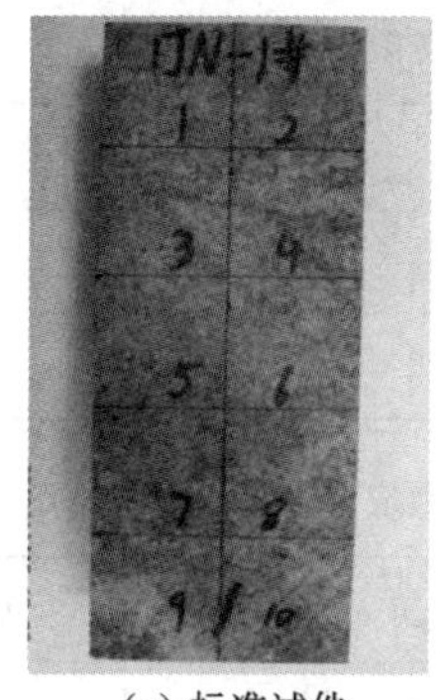

(a) 标准试件

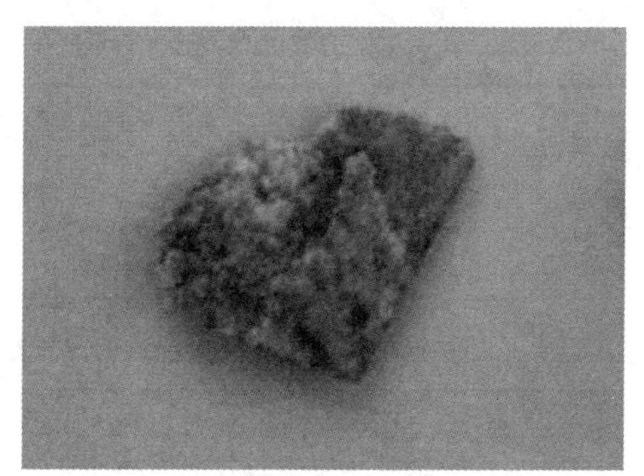

(b) X 射线衍射实验用碎屑

图 2.19 集宁花岗岩室内应变岩爆实验试件及其 X 射线衍射实验用碎屑

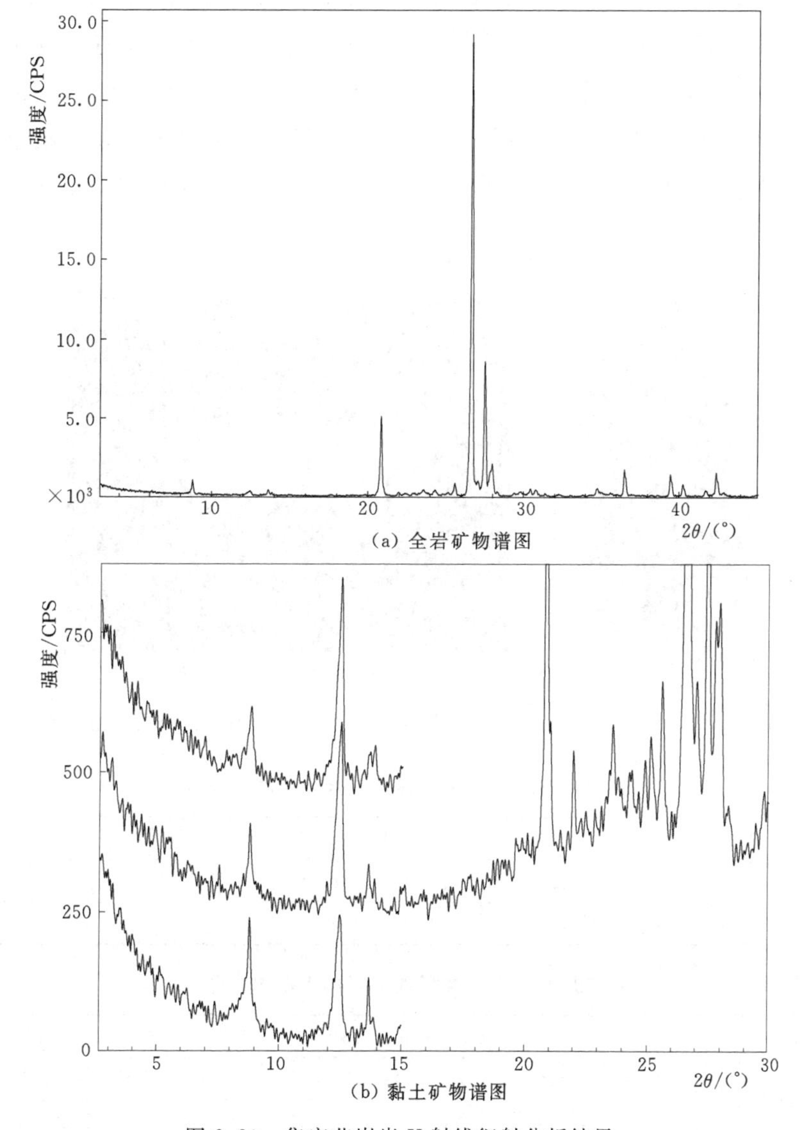

(a) 全岩矿物谱图

(b) 黏土矿物谱图

图 2.20 集宁花岗岩 X 射线衍射分析结果

表 2.9　　集宁花岗岩样品X射线衍射全岩矿物成分表　　%

岩性	编号	矿物种类和含量						黏土矿物总量
		石英	钾长石	斜长石	方解石	云母类	角闪石	
花岗岩	1#	69.6	21.1	6.3	—	—	—	3.0

表 2.10　　集宁花岗岩样品X射线衍射黏土矿物成分表

岩性	编号	黏土矿物相对含量/%						混层比/(%S)	
		S	I/S	I	K	C	C/S	I/S	C/S
花岗岩	1#	—	20	25	55	—	—	40	—

片麻岩矿物成分主要为石英、钠长石、白云石、云母和角闪石，黏土矿物含量25.1%；致密，棕褐色，肉眼未见裂纹。集宁片麻岩室内应变岩爆实验试件及其X射线衍射实验用碎屑如图2.21所示。图2.22为该岩石样品的全岩矿物和黏土矿物X射线衍射分析谱图，表2.11、表2.12分别为集宁片麻岩样品X射线衍射全岩矿物成分表和黏土矿物成分表。

(a) 标准试件

(b) X射线衍射实验用碎屑

图2.21　集宁片麻岩室内应变岩爆实验试件及其X射线衍射实验用碎屑

表 2.11　　集宁片麻岩样品X射线衍射全岩矿物成分表　　%

岩性	编号	矿物种类和含量						黏土矿物总量
		石英	钾长石	钠长石	白云石	云母类	角闪石	
片麻岩	2#	22.6	—	36.0	1.9	11.5	2.9	25.1

表 2.12　　集宁片麻岩样品X射线衍射黏土矿物成分表

岩性	编号	黏土矿物相对含量/%						混层比/(%S)	
		S	I/S	I	K	C	C/S	I/S	C/S
片麻岩	2#	—	—	28	—	50	22	—	40

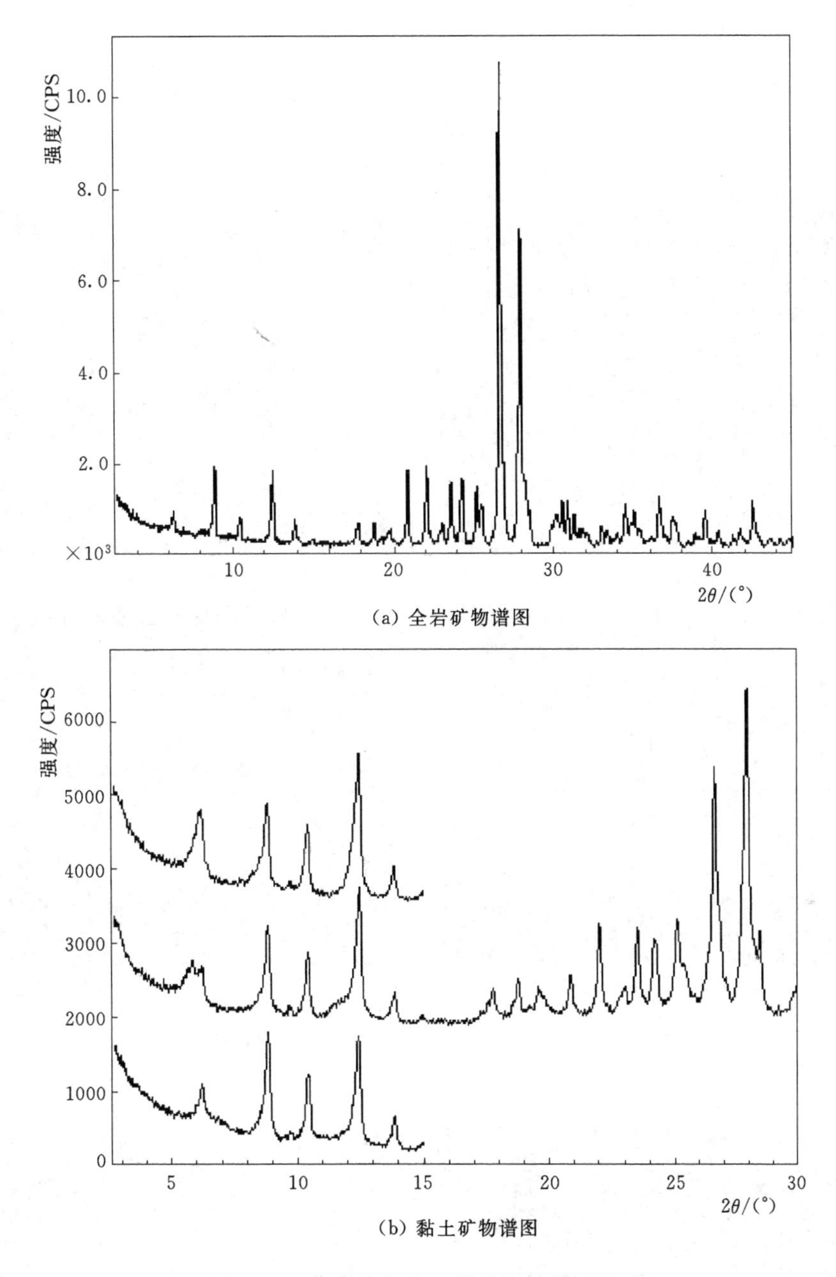

(a) 全岩矿物谱图

(b) 黏土矿物谱图

图 2.22 集宁片麻岩 X 射线衍射分析结果

3. 微观结构

从实验前加工岩石样品剩余的碎屑中找到未经受损伤或外力敲击的并进行 SEM 电镜扫描实验，观察其表面微观特征。图 2.23 为集宁花岗岩实验前电镜扫描 SEM 图片，放大 300 倍时，碎屑表面较为致密，斜长石晶体内有少量微观裂隙；放大 500 倍时，钾长石与石英交汇形成沿晶裂纹；放大 1000 倍时，可以看到钾长石晶体内的穿晶裂纹；放大2000倍时，可以看到石英晶体与绿泥石紧密接触。图2.24为集宁片麻岩实验前电镜扫描SEM图片，放大300倍时，碎屑表面较为致密，片状云母发育完全；放大500倍时，可以观察到石英晶体内部的微裂纹。

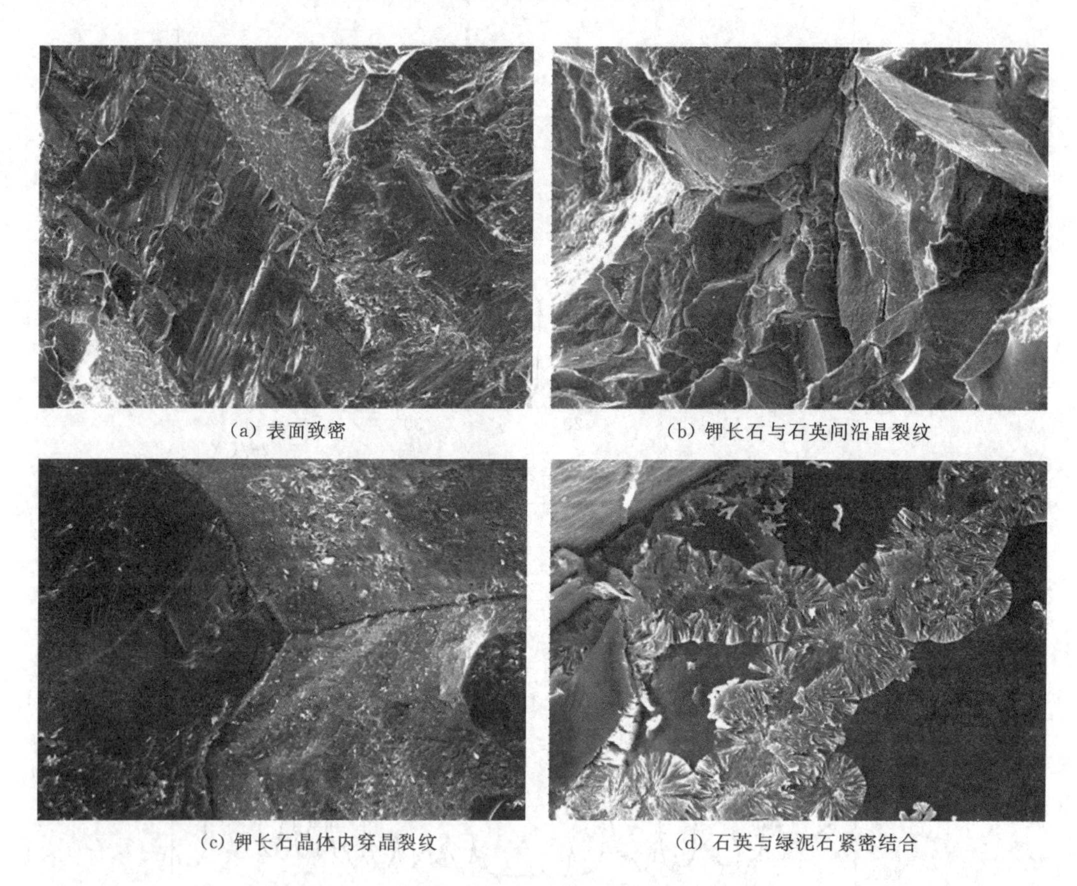

(a) 表面致密　(b) 钾长石与石英间沿晶裂纹

(c) 钾长石晶体内穿晶裂纹　(d) 石英与绿泥石紧密结合

图2.23　集宁花岗岩实验前电镜扫描SEM图片

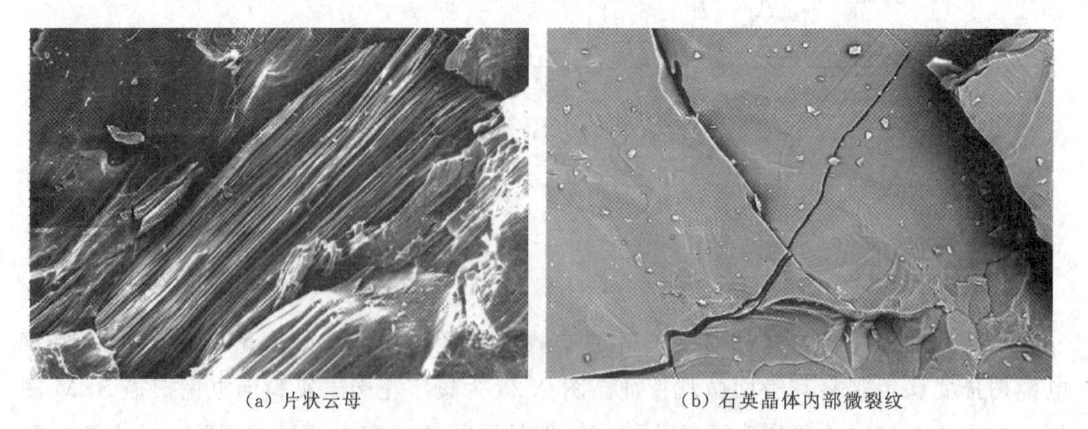

(a) 片状云母　(b) 石英晶体内部微裂纹

图2.24　集宁片麻岩实验前电镜扫描SEM图片

4. 基本物理力学性质

实验前对集宁花岗岩、片麻岩实验样品进行拍照、质量及尺寸量测、利用非金属声波检测仪进行纵波，横波的速度量测，具体参数见表2.13。由表可知完整花岗岩岩石纵波波速最大，完整片麻岩次之，而组合花岗-片麻岩纵波波速最低且较为接近，说明了由于两种岩性组合界面的存在导致波速传递较慢。利用单轴压缩实验确定岩石的单轴抗压强度，弹性模量和泊松比，花岗岩岩石平均单轴抗压强度为58.7MPa，平均弹性模量为50.0GPa，平均泊松比为0.205。片麻岩岩石平均单轴抗压强度为40MPa，平均弹性模量为25.0GPa，平均泊松比为0.18。

表2.13　　集宁集宁岩石室内应变岩爆实验样品基本物理参数

岩性	编号	尺寸 /(mm×mm×mm)	质量 /g	块体密度 /(g·cm^{-3})	纵波波速 /(m·s^{-1})	横波波速 /(m·s^{-1})	实验设计分类
花岗岩	GR	150.5×60.0×28.8	703.9	2.70	5732	2543	岩柱岩爆
片麻岩	GN	150.0×60.0×30.0	709.0	2.63	3870	2185	
花岗-片麻岩	GRN	149.8×59.9×30.2	746.8	2.76	3521	1986	

2.5　本章小结

本章主要介绍了应变岩爆实验系统组成及各部分参数设置，依据实验机特性并结合现场岩爆发生特点确定了三种类型的室内应变岩爆模拟实验加载方式，分别是三向加载-单面突然卸载-轴向保持模拟瞬时岩爆，三向加载-单面突然卸载-轴向加载模拟滞后岩爆和三向加载-单面逐级卸载、轴向逐级加载至完全卸荷-轴向加载至破坏模拟岩柱岩爆。应用Hoek－Brown强度准则对三类岩爆发生条件进行了解释，引入能量来揭示岩爆发生的根本原因，只有当岩石内部储存的应变能超过自身破坏所需的能量时，多余能量以岩石碎屑弹射等动力破坏形式进行释放，即岩爆发生。

针对本书研究的室内应变岩爆实验重要影响因素而相应提出了实验方案设计，通过改变最小主应力σ_3的卸载速率来研究其对岩爆特征的影响，设计突然卸载、卸载速率分别为0.1MPa/s、0.05MPa/s和0.025MPa/s四种实验进行研究。改变岩石高度来研究岩爆模拟实验中的尺寸效应问题，分别设计岩石高度为150mm、120mm、90mm及60mm四种情况10例实验进行研究。改变岩石组合方式模拟研究不同岩石组合对岩爆特征的影响，分别设计完整花岗岩、完整片麻岩和组合花岗-片麻岩的三种情况实验进行研究。前两组系列实验所采用的岩石样品都是花岗岩，但取样地点不同，分别是甘肃省北山白皎矿预选区和新疆维吾尔自治区天湖地段预选区，最后一组系列实验采用花岗岩和片麻岩两种性质岩石，均取自内蒙古自治区乌兰察布市集宁区某铁路隧道。本章还介绍了 3 个取样地点的地质背景，同时对岩石样品进行了矿物成分分析、SEM 电镜扫描以确定岩石微观特征，最后是基本物理力学测试。值得注意的是同种性质岩石，取样地点不同，所受地理环境影响不同，故而矿物成分和微观结构有差异，这些是造成岩石物理力学特性差异的根本原因，为室内应变岩爆实验设计及后续分析提供了基础。

第3章

不同卸载速率下的室内应变岩爆实验研究

本章主要介绍不同卸载速率的室内应变岩爆模拟实验，对比分析该实验因素对岩爆特征的影响。依据现场不同的开挖方式，相对应设计突然卸载、卸载速率分别为0.1MPa/s、0.05MPa/s和0.025MPa/s时的四种不同速率对最小主应力方向进行卸载，采集实验过程实时应力水平和声发射信号，同时利用高速摄影捕捉岩石卸载面破裂特征。从岩石最终发生应变岩爆时临界应力，破坏特征，碎屑体积形状特征、微观特征以及声发射特征来分析卸载速率的影响。

3.1 岩爆破坏特征对比

3.1.1 临界应力

根据现场提供的地应力测试结果，确定岩石500m深度处初始围压为$\sigma_1=14MPa$、$\sigma_2=13MPa$、$\sigma_3=9MPa$，为了最大限度模拟岩石现场受力状态，σ_3卸荷后按照Kirsch方程（$\sigma_{max}=3\sigma_1-\sigma_3$）得出的最大切向应力重分布值进行集中，并且要避免轴向最大主应力循环加卸载对岩石产生影响。

实验加卸载过程为：

（1）逐级加载至初始围压状态，每级应力为3MPa，加载间隔约5min，该过程大致需要30min。

（2）保持初始围压状态30min，以拟定的速率卸载水平方向最小主应力σ_3（突然卸载，卸载速率为0.1MPa/s、0.05MPa/s和0.025MPa/s），同时以同样的速率加载轴向最大主应力σ_1到按照Kirsch方程得到的计算值来模拟卸载后集中过程。卸载面完全暴露，保持该状态15min并打开高速摄影系统进行观察，如果岩爆发生则实验结束，如果没有，则证明该深度处岩石岩爆现象不易发生，需要重新安装水平方向加载杆，模拟下一深度处岩石应力状态。

（3）每次模拟深度增加200m，为避免轴向最大主应力循环加卸载对岩石产生影响，σ_1仍保持上一次卸载后的集中值，仅改变σ_2和σ_3应力水平值，并保持该状态15min，以同一速率卸载水平最小主应力单面荷载σ_3至0，并暴露该方向的试件表面，同样按照Kirsch方程对应深度计算值进行集中，保持约15min，观察试件表面，若仍然没有岩爆现象发生，则继续增加模拟深度，依次类推，直至岩爆现象的发生。

图3.1所示为不同卸载速率花岗岩室内应变岩爆实验实测应力时间曲线图，由于是人工手动操作液压加载控制系统，所以实测曲线与设计曲线略有不同，存在一定的

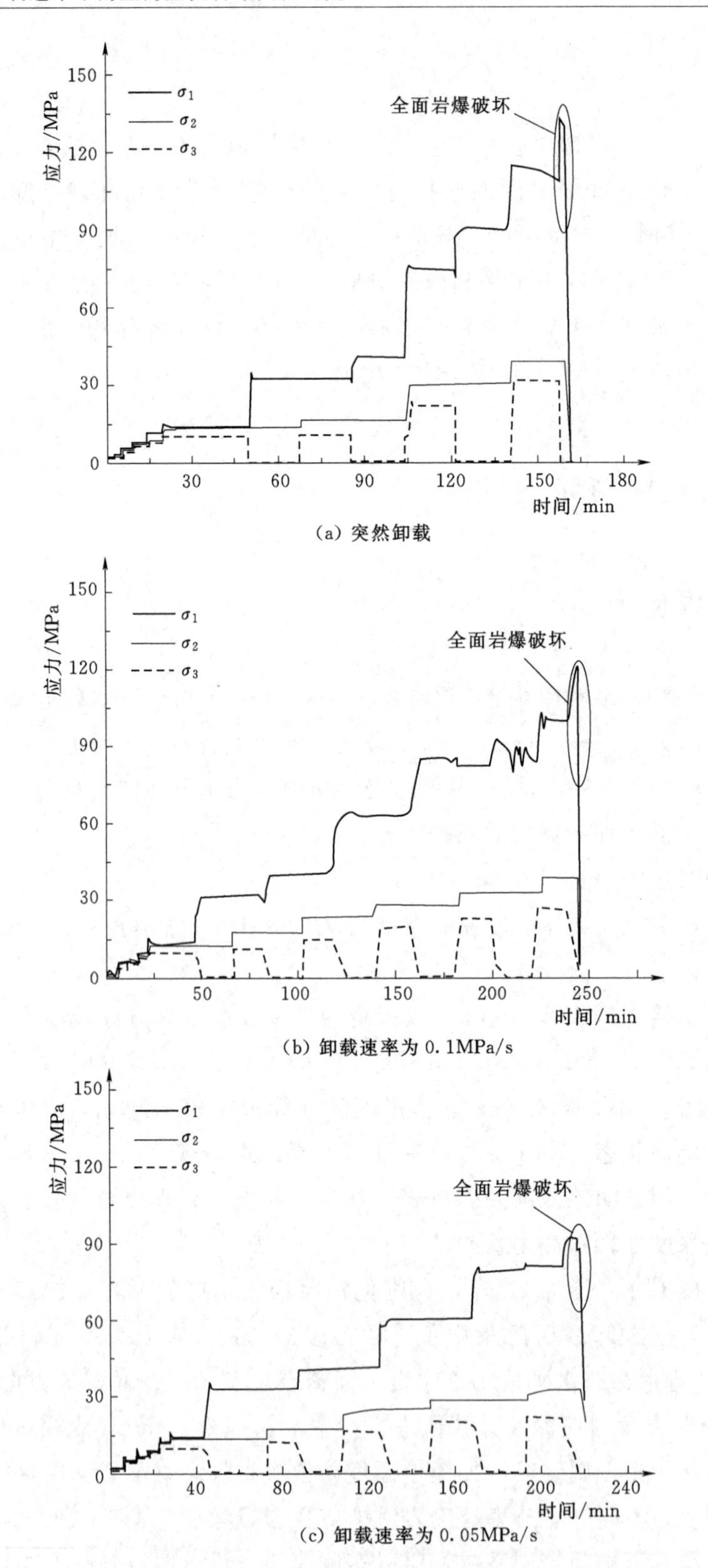

(a) 突然卸载

(b) 卸载速率为 0.1MPa/s

(c) 卸载速率为 0.05MPa/s

图 3.1（一）　不同卸载速率花岗岩室内应变岩爆实验实测应力时间曲线图

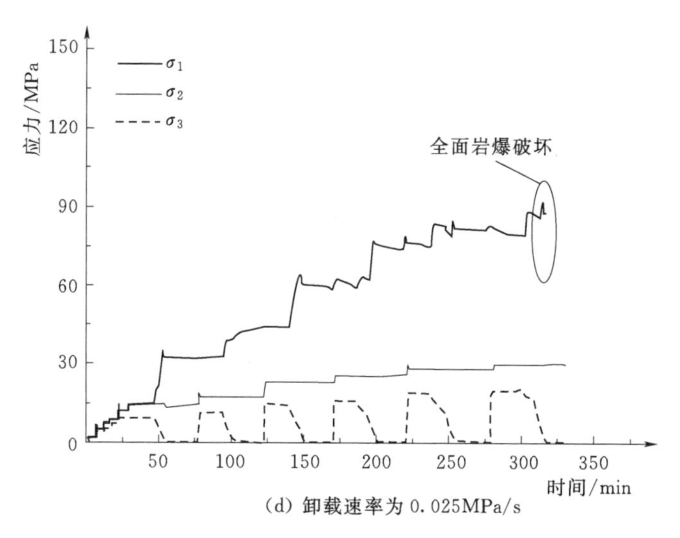

(d) 卸载速率为0.025MPa/s

图3.1（二） 不同卸载速率花岗岩室内应变岩爆实验实测应力时间曲线图

波动。当突然卸载时，花岗岩岩石样品在经历了四次卸载过程后，即实验开始后的第161min，发生了最终的岩爆破坏，其最终破坏临界应力为$\sigma_1=130.9$MPa、$\sigma_2=38.8$MPa、$\sigma_3=0$。当卸载速率为0.1MPa/s时，花岗岩岩石样品在经历了六次卸载过程后，即实验开始后的第245min，发生了最终的岩爆破坏，其最终破坏临界应力为$\sigma_1=119.6$MPa、$\sigma_2=38.5$MPa、$\sigma_3=0$。当卸载速率为0.05MPa/s时，花岗岩岩石样品在经历了五次卸载过程后，即实验开始后的第220min，发生了最终的岩爆破坏，其最终破坏临界应力为$\sigma_1=92.3$MPa、$\sigma_2=32.4$MPa、$\sigma_3=0$。当卸载速率为0.025MPa/s时，花岗岩岩石样品在经历了六次卸载过程后，即实验开始后的第320min，发生了最终的岩爆破坏，其最终破坏临界应力为$\sigma_1=92.1$MPa、$\sigma_2=30.1$MPa、$\sigma_3=0$。

计算突然卸载实验中轴向应力σ_3的应力降速率大致为20MPa/s，绘制岩爆临界轴向应力随卸载速率变化特征，如图3.2所示，注意坐标系横轴为对数坐标。可以看出，随着卸载速率的降低，室内岩石发生岩爆破坏的临界应力有明显下降的趋势。

3.1.2 宏观破坏特征

图3.3～图3.6所示为岩石在不同卸载速率情况下最终发生岩爆破坏的高速照片，可以清楚观察到岩石表面裂纹扩展、贯通、剥落直至碎屑弹出等动态破坏过程及最终岩石破坏后形态。

(1) 在突然卸载的情况下，在第四次卸载后36s声发射信号大量出现且岩石内部

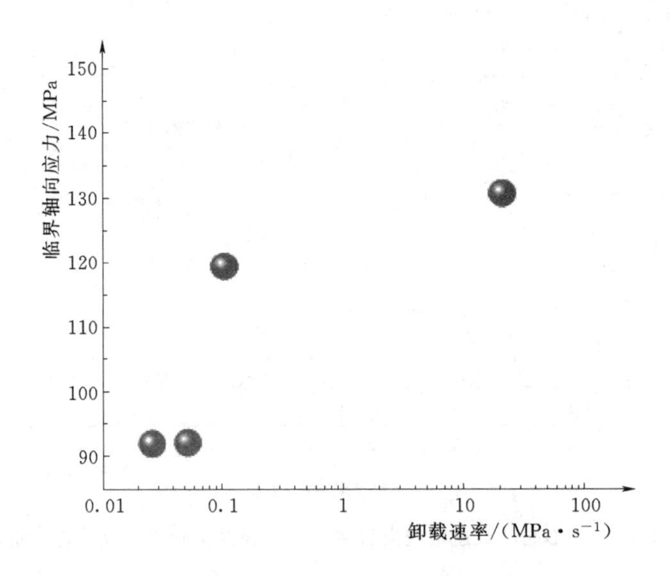

图 3.2　临界轴向应力随卸载速率变化趋势图

发出尖锐声响，试件顶部首先由大量微小颗粒快速弹出，大块片状碎屑沿着一条斜向裂纹剥离并折断弹射，试件表面经历了整体破坏并伴随较大声响，整个从卸载到最终破坏过程持续了约 1min。岩石顶部约一半被弹出，侧向有斜竖向张拉裂纹，经测量产生的爆坑尺寸为 3.7cm×5.9cm×0.7cm，如图 3.3 所示。

（2）当卸载速率为 0.1MPa/s 时，试件表面两条紧邻的斜向裂纹贯通形成长裂纹，试件顶端沿着该裂纹发生两次大量碎屑弹射，最终试件上部发生较大的片状弯折弹出掉落，但并没有使岩石整体坍塌，整个过程持续了约 30s，经测量产生的爆坑尺寸为 2.3cm×5.8cm×0.5cm，如图 3.4 所示。

（3）当卸载速率为 0.05MPa/s 时，与前面两种情况截然不同，岩石完全卸载后马上发生破坏。仅有一大块碎屑沿着横向宏观裂纹剥离掉落且伴随少量颗粒从顶部弹出，整个过程持续了约 23s，经测量产生的爆坑尺寸为 4.8cm×6.0cm×0.2cm，如图 3.5 所示。

（4）卸载速率降低至 0.025MPa/s 时，试件发生破坏前出现很少量颗粒弹射，随后一块不规则形状的碎屑弯折并掉落，伴随较大声响，整个过程持续了约 17s，经测量产生的爆坑尺寸为 3.4cm×6.0cm×0.2cm。岩石顶端产生横向裂纹被劈成两部分，侧向有竖向张拉裂纹，如图 3.6 所示。

综上所述，可以看出当卸载速率最小时，岩石破坏程度更为缓和，没有明显的碎屑弹射，相应地破坏过程持续时间及最终产生的爆坑尺寸都相较于高速率卸载实验较小。也证明了卸载速率是影响岩石岩爆破坏模式的一个重要的影响因素。

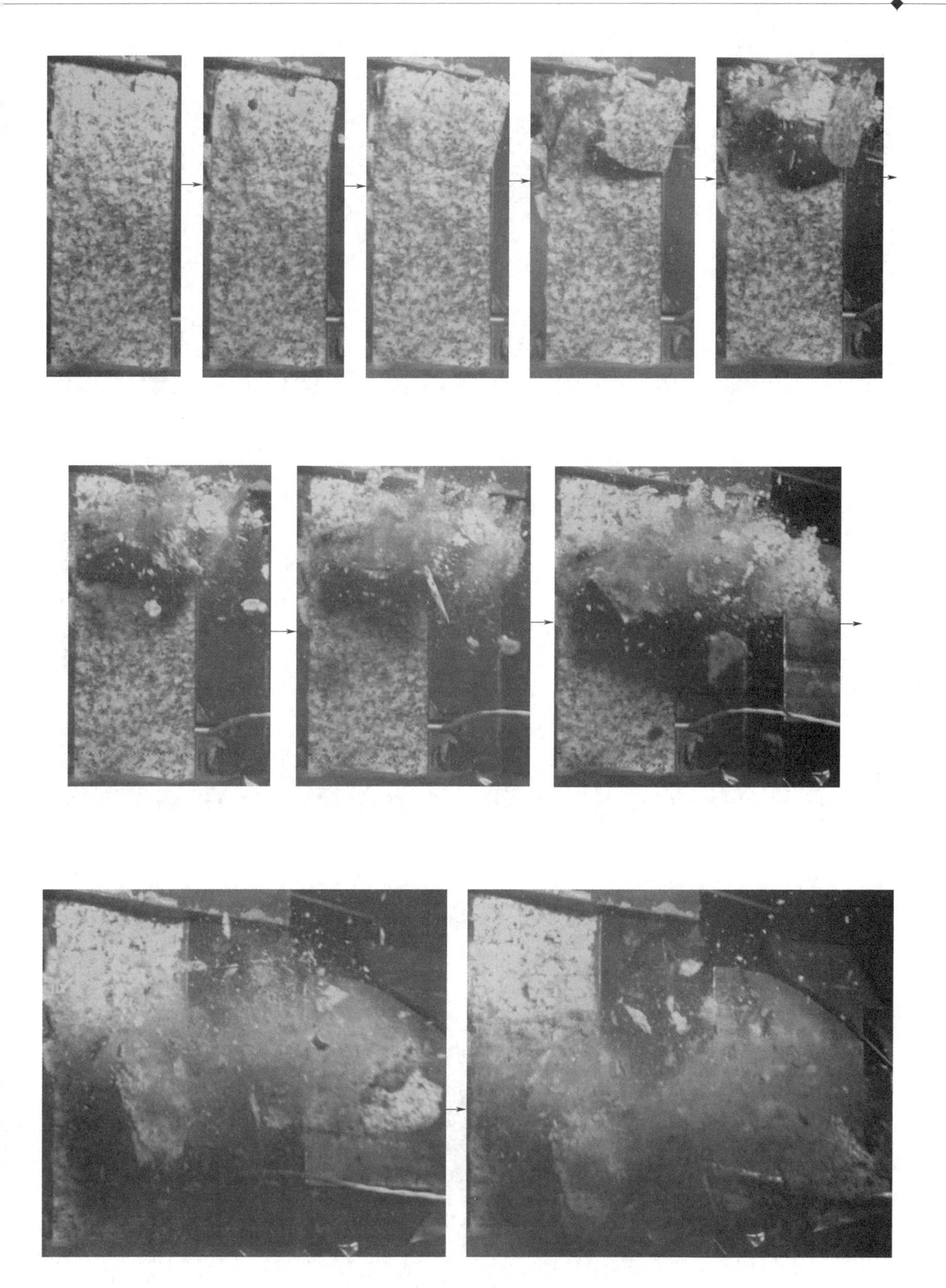

图 3.3 突然卸载情况下室内应变岩爆实验破坏过程

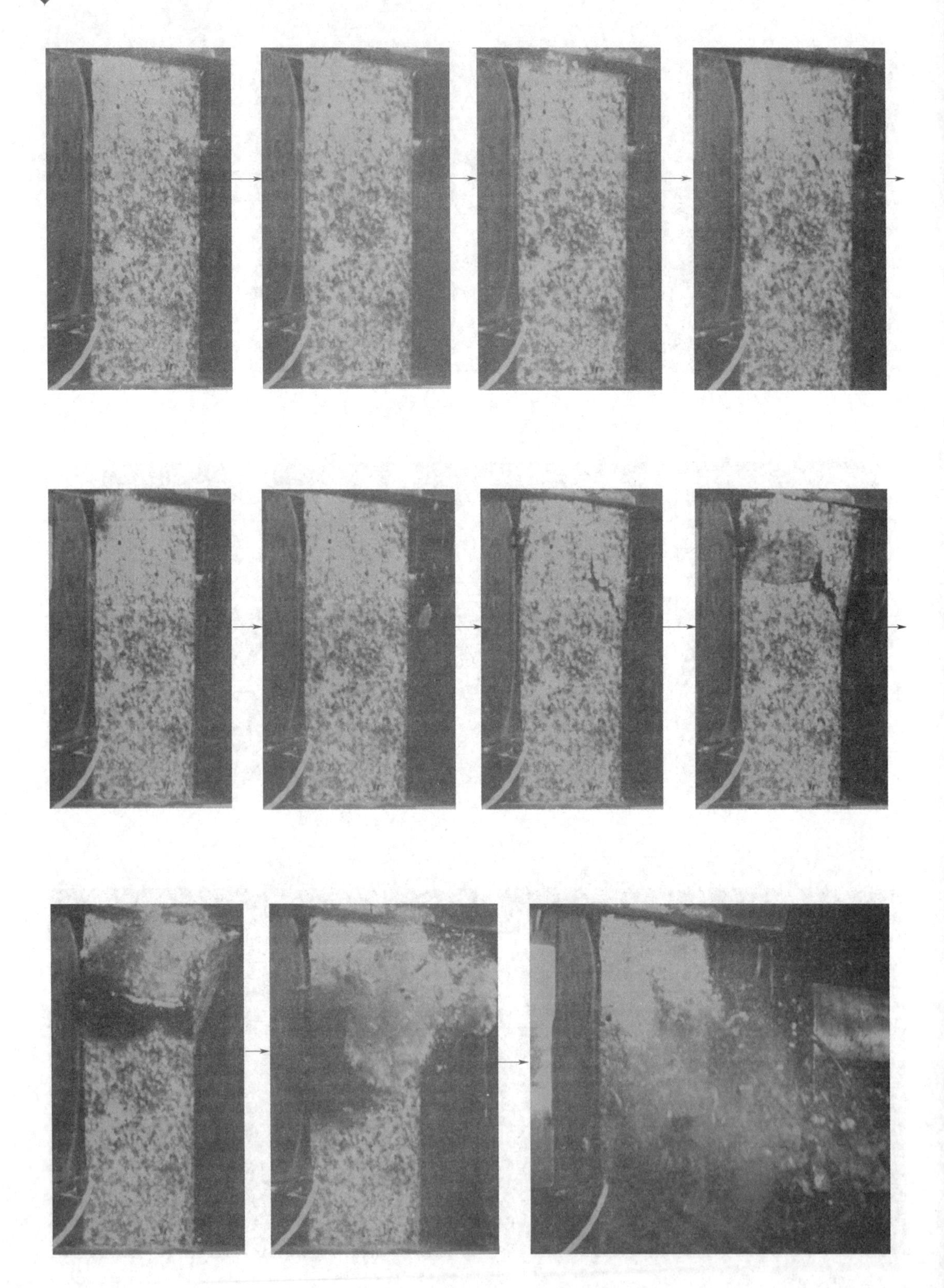

图3.4　卸载速率为0.1MPa/s室内应变岩爆实验破坏过程

图 3.5 卸载速率为 0.05MPa/s 室内应变岩爆实验破坏过程

图 3.6 卸载速率为 0.025MPa/s 室内应变岩爆实验破坏过程

3.2 碎屑破坏特征对比

3.2.1 碎屑尺度特征

岩爆后产生的碎屑包含丰富的信息，可以对其进行多种分析。在卸载应变岩爆实验后，对四例岩石试件的碎块进行收集并进行筛分。筛分粒径分别为0.075mm，0.25mm，0.5mm，1.0mm，2.0mm，5.0mm和10.0mm，得到每个粒组区间碎屑，以卸载速率为0.1MPa/s情况为例，图3.7所示为碎屑不同粒径区间内的照片。筛分后称重每个粒径区间内碎屑质量，求得该尺寸范围内试件碎屑的质量百分比。根据以往研究人员对碎屑粒度的划分依据，将应变岩爆实验后产生的碎屑按照粒度区间分为粗粒碎屑（$d \geqslant 30$mm），中粒碎屑（5mm$\leqslant d<$30mm），细粒碎屑（0.075mm$\leqslant d<$5mm）和微粒碎屑（$d<$0.075mm）。同时为了获得岩石碎屑的形状特征，对于粒径$d>$5mm的部分中粒碎屑和粗粒碎屑进行计数和尺寸量测。使用游标卡尺分别测量粒径$d>$10mm碎屑长度方向、宽度方向、厚度方向的最大值作为该碎屑的长、宽、厚。

(a) $d<$0.075 mm　　(b) 0.075mm$\leqslant d<$0.25mm

(c) 0.25mm$\leqslant d<$0.5mm　　(d) 0.5mm$\leqslant d<$1.0mm

图3.7（一） 卸载速率为0.1MPa/s室内应变岩爆实验产生的各粒径范围内碎屑照片

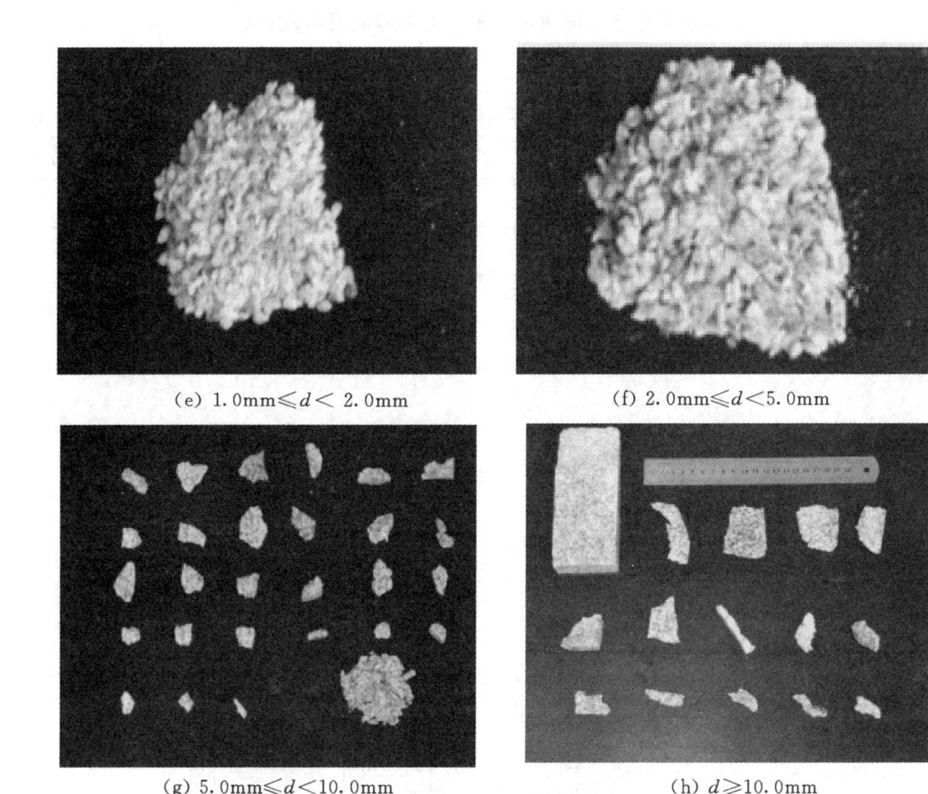

(e) 1.0mm≤d< 2.0mm (f) 2.0mm≤d<5.0mm

(g) 5.0mm≤d<10.0mm (h) d≥10.0mm

图 3.7（二） 卸载速率为 0.1MPa/s 室内应变岩爆实验产生的各粒径范围内碎屑照片

根据三个方向尺寸可以确定碎屑最基本的尺度特征，以长宽比、长厚比及宽厚比作为基本参量表征碎屑。其中，依据长厚比碎屑被分为块状、板状、片状和薄片状四种类型，分别对应长厚比小于 3，长厚比为 3～6，长厚比为 6～9 及长厚比大于 9。

表 3.1 为不同卸载速率下不同粒径范围内岩爆碎屑质量及计数，可以看出岩爆产生的碎屑主要以粗粒和中粒为主，随着卸载速率的降低，粗粒和中粒碎屑数量减少且细粒和中粒碎屑质量有明显下降趋势。图 3.8 绘出了不同卸载速率下碎屑粒径质量分布图，其中纵坐标为对数坐标。四种卸载速率下室内应变岩爆实验产生的岩石碎屑在粗粒粒组中所占比重是接近的，卸载速率越大，碎屑在微粒、细粒和中粒粒组中所占比重有明显的增大，这预示着岩石产生的碎屑增多，破碎更为剧烈，动力破坏特征更加明显。

图 3.9 为不同卸载速率下碎屑尺度特征比值图。

(1) 突然卸载时，岩爆碎屑长度与厚度、长度与宽度和宽度与厚度的比值分布区间分别为 2.24～14.52、1.01～3.32 和 2.24～14.53；片状、薄片状碎屑数量占到了总数目的 58%，平均长厚比为 6.58。

(2) 卸载速率为 0.1MPa/s 时，岩爆碎屑长度与厚度、长度与宽度和宽度与厚度

表 3.1 不同卸载速率下不同粒径范围内岩爆碎屑质量及计数

碎屑分类	粒径范围/mm	突然卸载		卸载速率					
				0.1MPa/s		0.05MPa/s		0.025MPa/s	
		质量/g	计数	质量/g	计数	质量/g	计数	质量/g	计数
微粒	小于0.075	1.512	—	1.696	—	0.560	—	0.382	—
细粒	0.075～5	57.683	—	30.773	—	13.527	—	19.419	—
中粒	5～30	74.436	47	58.652	27	21.432	18	30.364	18
粗粒	大于30	576.169	24	593.979	15	674.881	8	662.035	14

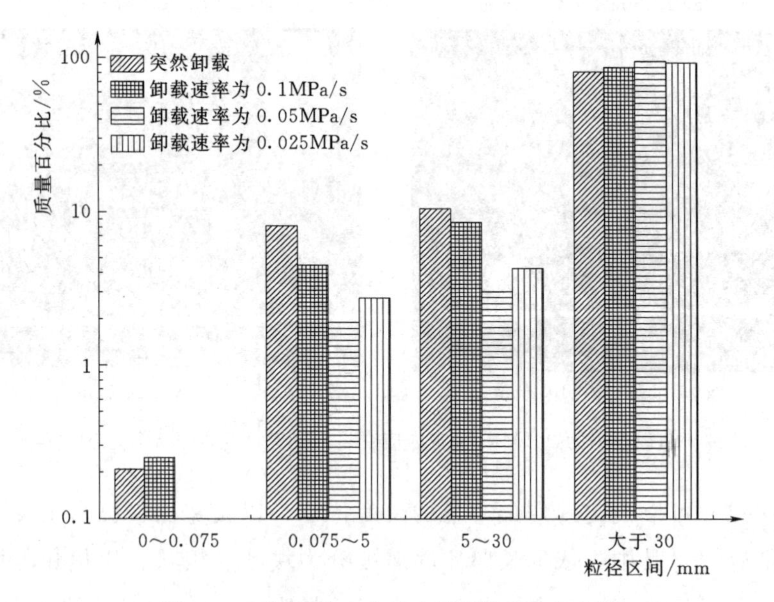

图 3.8 不同卸载速率下碎屑粒径质量分布图

的比值分布区间分别为2.64～16.51、1.03～5.42和1.54～9.09；片状、薄片状碎屑数量占到了总数目的60%，平均长厚比为7.43。

(3) 卸载速率为0.05MPa/s时，岩爆碎屑长度与厚度、长度与宽度和宽度与厚度的比值分布区间分别为4.09～10.45、1.07～3.49和2.00～6.77；片状、薄片状碎屑数量占到了总数目的77%，平均长厚比为7.74。

(4) 卸载速率为=0.025MPa/s时，岩爆碎屑长度与厚度、长度与宽度和宽度与厚度的比值分布区间分别为3.65～13.31、1.00～4.16和1.05～8.62；片状、薄片状碎屑数量占到了总数目的78%，平均长厚比为8.45。

可以看出，无论何种卸载速率下的室内应变岩爆实验，产生的碎屑多以片状、薄片状为主，而当卸载速率越快时，弹射的块状、板状碎屑无论从数量还是质量上都越多，证明其岩爆动力破坏现象越明显，这与前面的破坏特征描述相一致。

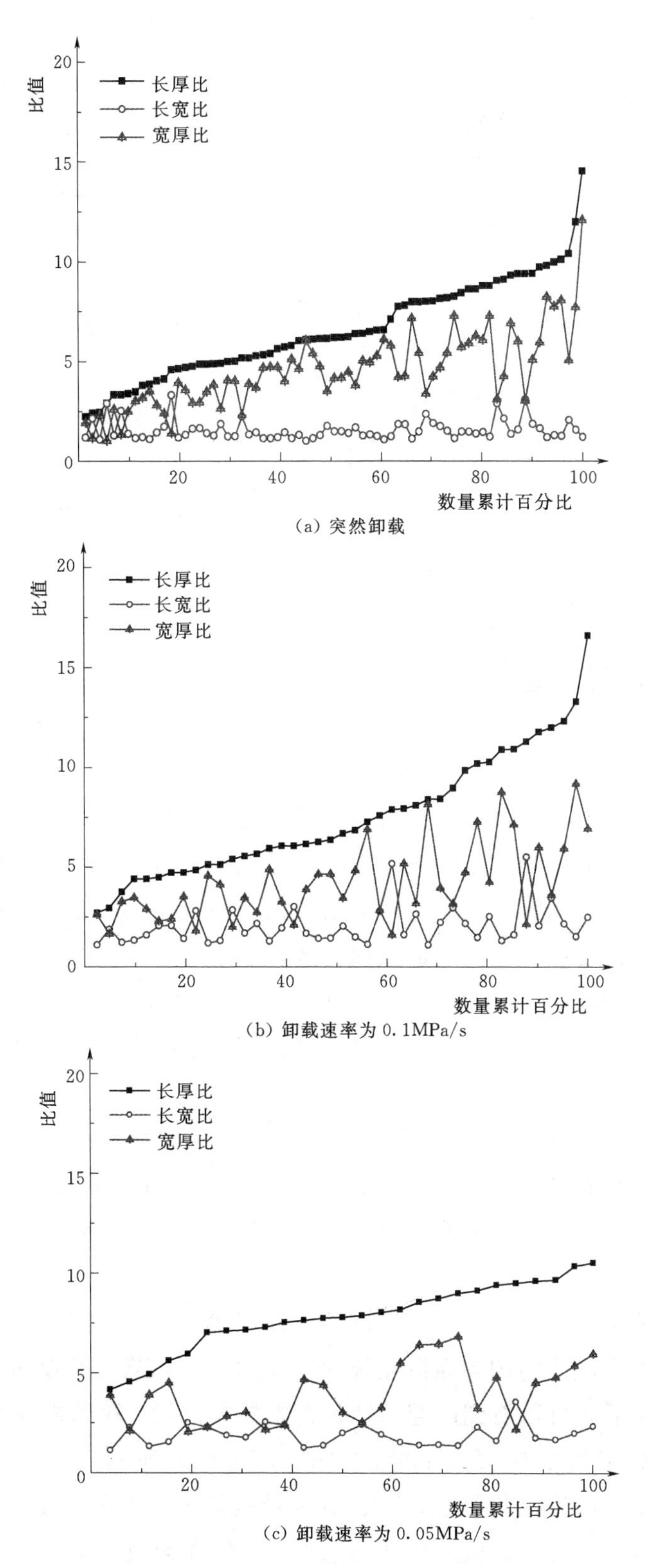

(a) 突然卸载

(b) 卸载速率为 0.1MPa/s

(c) 卸载速率为 0.05MPa/s

图 3.9（一） 不同卸载速率下碎屑尺度特征比值图

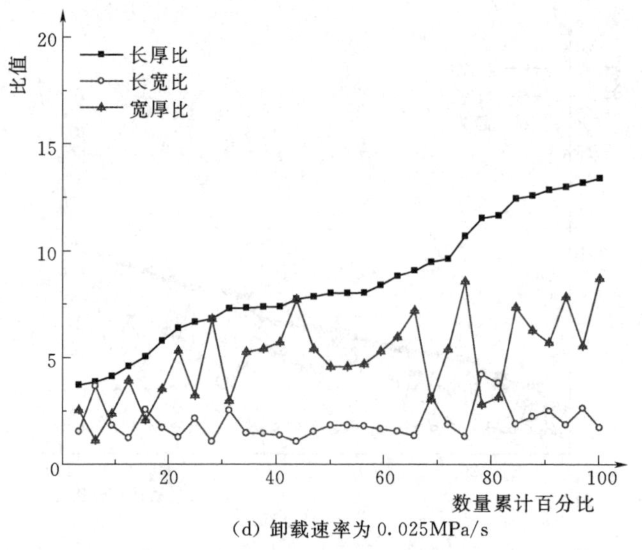

(d) 卸载速率为0.025MPa/s

图3.9（二） 不同卸载速率下碎屑尺度特征比值图

3.2.2 碎屑微观特征

为了得到不同卸载速率对花岗岩试件岩爆过程中的微细观影响效应，对室内应变岩爆实验后的试件典型破裂断口面碎屑进行了电镜扫描分析。裂纹是沿晶扩展还是穿晶扩展，主要取决于晶界强度与晶内强度的相对大小，若晶界强度高于晶内强度，则裂纹呈穿晶扩展，反之则沿晶扩展。沿晶断裂是一种较低应力水平的断裂，预示着低能量的释放，更易出现在发生破裂的试件内部。

图3.10为不同卸载速率下花岗岩试件破裂表面碎屑微观电镜扫描SEM图像，可以发现在卸载速率不同的情况下，发生岩爆后试件破裂断口碎屑的特征存在明显的差异。

(1) 在突然卸载的情况下，如图3.10 (a) 所示，碎屑表面放大100倍时，主要存在有钾长石和斜长石晶间沿晶张性裂纹，右上角有凹凸不平的沿晶穿晶复合裂纹。放大该区域300倍后，可以清楚看到泛白的石英与钾长石晶体间沿晶裂纹及石英晶体内部少量穿晶裂纹。

(2) 当卸载速率为0.1MPa/s时，如图3.10 (b) 所示，碎屑表面放大100倍时，不仅有石英和钾长石晶体间的晶间沿晶张性裂纹，还有石英与石英间的晶间缝。放大中下部区域500倍后，可以看到凸起的钾长石晶粒和石英晶粒的内部穿晶剪切断裂。

(3) 当卸载速率为0.05MPa/s时，如图3.10 (c) 所示，碎屑表面放大100倍时，分布有凹凸不平的片柱状黑云母，还有少量的黑云母与钾长石晶体间沿晶裂纹，中部有细长斜向裂纹。放大该区域500倍来观察该斜向裂纹，可以看到钾长石晶体表

(a) 突然卸载

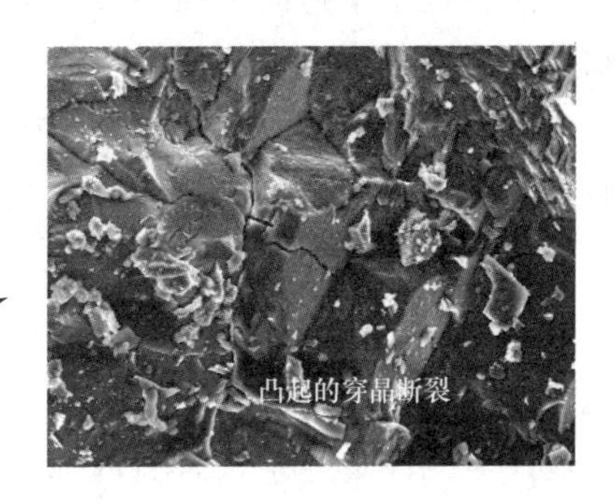

(b) 卸载速率为 0.1MPa/s

(c) 卸载速率为 0.05MPa/s

图 3.10（一） 不同卸载速率下花岗岩试件破裂表面碎屑微观电镜扫描 SEM 图像

(d) 卸载速率为 0.025MPa/s

图 3.10（二）　不同卸载速率下花岗岩试件破裂表面碎屑微观电镜扫描 SEM 图像

面有两条近乎平行的剪切错位穿晶裂纹，构成了表面开口的片状体，且中上部有一条细长穿晶裂纹。

(4) 当卸载速率为 0.025MPa/s 时，如图 3.10 (d) 所示，碎屑表面放大 100 倍时，碎屑微观表面有少量的石英晶体与钾长石晶体间的沿晶裂纹，中间有一条细长钾长石表面的横向穿晶剪切裂纹。放大 500 倍后，可以看到该裂纹的扩展走向及角度。

综上所述，可以发现岩爆破坏是岩石内部大量微破裂不断产生的过程，其产生的破裂面碎屑微观特征上均表现为沿晶张拉和穿晶断裂的复合形态，由于开挖卸荷及微裂纹产生的能量要求，岩石内部微裂纹以沿晶张拉型为主，当卸载速率较大时，破裂面的张性特性越明显。随着卸载速率的降低，微观裂纹越来越不易被观察到。

3.3　声发射特征对比

岩体变形、破裂、破坏时应变能释放过程中会产生应力波的释放，同时产生声发射现象（Acoustic emission，AE）。声发射监测技术是用声发射传感器和专用设备检测、分析声发射信号，并利用声发射信号推断声发射破坏源处煤岩等材料破坏特征及发展趋势的一种动态无损检测技术（图 3.11）。基于此，结合室内岩爆模拟实验系统特征，确定了岩爆声发射实验中传感器布置方案，如图 3.12 所示，以便更准确有效地捕捉声发射信号。

3.3.1　全时域参数分析

声发射现象实质上是从破坏源以弹性波的形式来释放能量的现象，至今，很多学

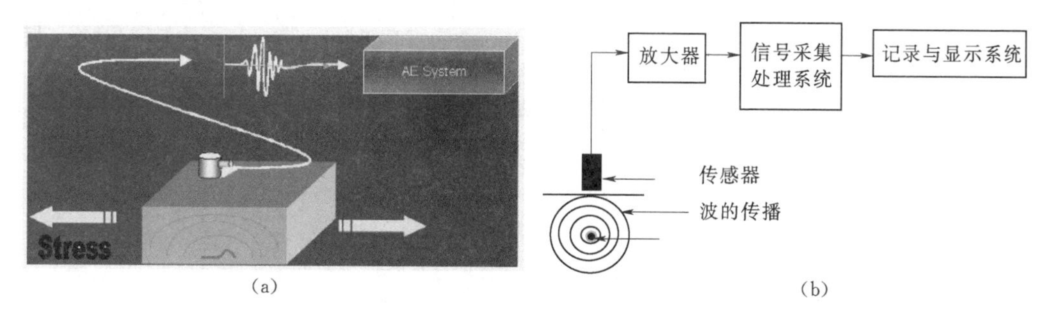

图 3.11 声发射检测原理图

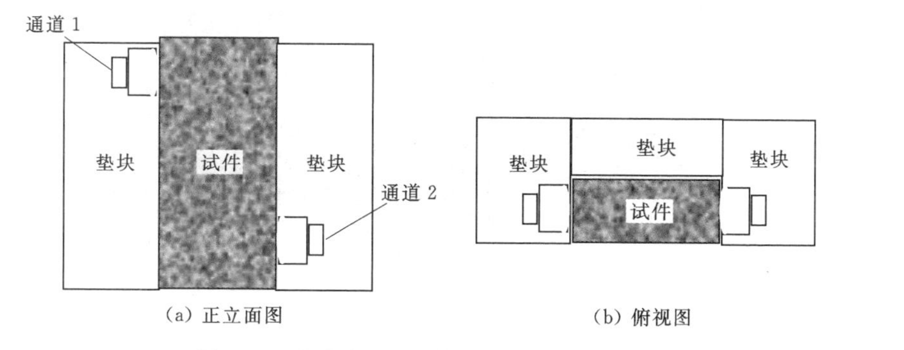

图 3.12 室内实验声发射传感器布置示意图

者利用声发射参数特征进行了大量关于材料损伤的研究，声发射的参数主要包括幅值、能量、频率、振铃计数、撞击数、持续时间等。声发射幅度、频率及能量分析方法是目前定量测量声发射信号的主要几个参数，且其对材料所受应力变化很敏感。幅度与频率能够直接获得，而能量则通过均方根电压求解或直接测量声发射信号波形的面积。因此本节选取声发射幅度、频率及能量作为信号参数分析对象，绘制声发射全时域幅度-频率-时间三维图，以及累计释放能量与时间的关系曲线，来表明岩石试件随时间的破坏过程。

图 3.13 为声发射信号全时域幅度与频率三维分布点图，可以看出无论是何种卸载速率，实验开始阶段由于岩石内部空隙闭合，产生较多声发射事件，会有较多高幅度信号，而中间几次加卸载阶段幅度降低，最后岩石岩爆破坏时高幅度信号大量产生，并且可以发现高幅度信号主要集中在较低频率区间范围内，即 0～200kHz，频率超过 400kHz 以上的频率很高信号对应幅度很低，即声发射能量很小。对比四幅图，可以发现随着卸载速率的降低，最终岩石破坏时产生的高幅度信号量有降低的趋势。

当能量曲线较缓慢增长时，证明岩石内部正在发生局部的小尺度破坏，微裂隙发育，损伤稳定累加。当能量曲线陡增时，证明岩石内部瞬间释放能量增大，损伤加剧。曲线演化过程由缓变急而产生的拐点，即为我们要研究的关键点，是表征岩石损伤的特征点。图 3.14 为突然卸载室内应变岩爆实验声发射能量及应力曲线关键点所

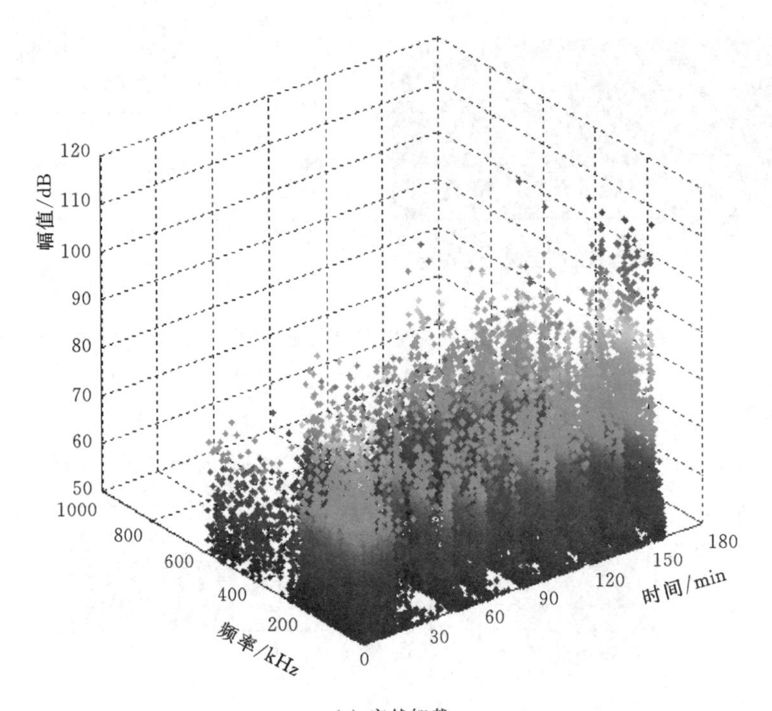

(a) 突然卸载

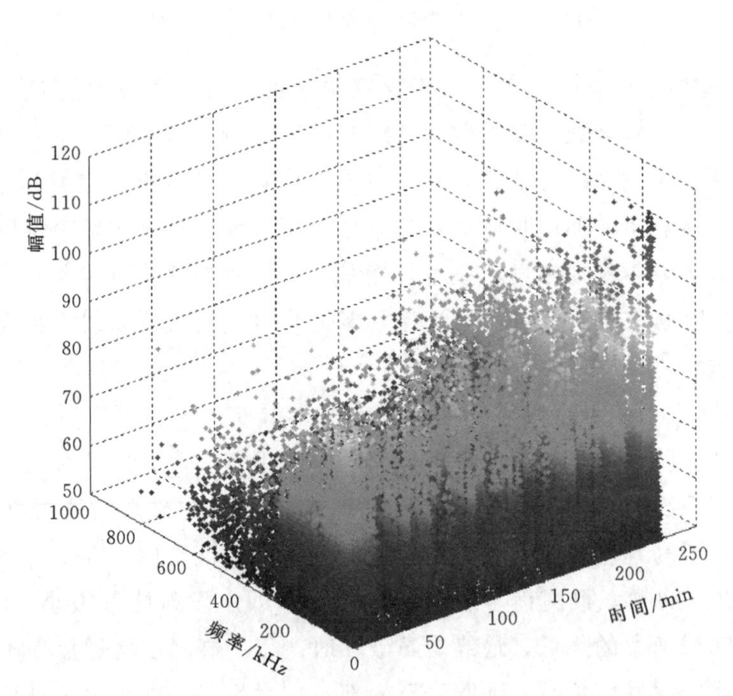

(b) 卸载速率为0.1MPa/s

图3.13（一）　声发射信号全时域幅度与频率三维分布点图

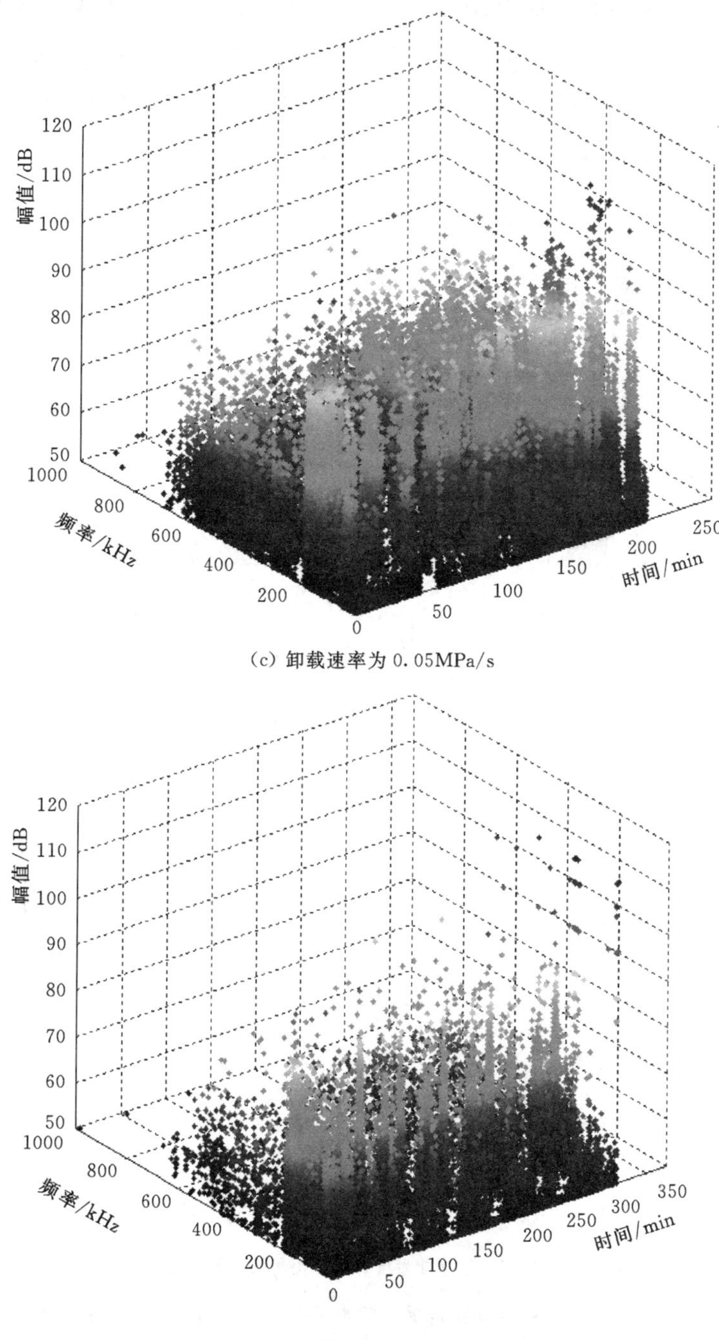

(c) 卸载速率为 0.05MPa/s

(d) 卸载速率为 0.025MPa/s

图 3.13（二） 声发射信号全时域幅度与频率三维分布点图

确定图。由图可知，突然卸载室内应变岩爆实验声发射累计释放总能量为 1.45×10^{12} aJ，结合应力加载曲线，可以找到六个关键拐点 $T_1\sim T_6$ 其中：①岩石加载至 500m 深度初始围压状态，能量激增后特征点 T_1；②第一次卸载后轴向加载能量略微增大

特征点 T_2；③第三次重新加载模拟 1500m 深度围压状态时能量继续稳定增长特征点 T_3；④第三次卸载后轴向加载能量突增特征点 T_4；⑤第四次重新加载模拟 2400m 围压状态时能量继续增长特征点 T_5；⑥第四次卸载轴向加载至岩爆发生，能量陡增至峰值特征点 T_6。

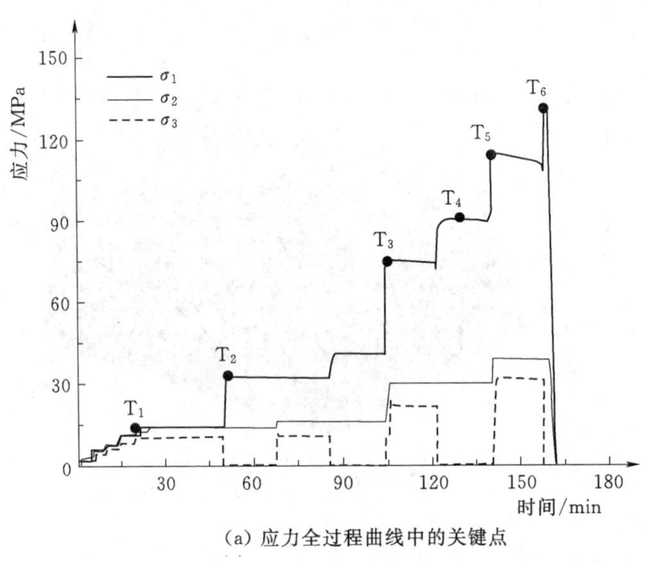

(a) 应力全过程曲线中的关键点

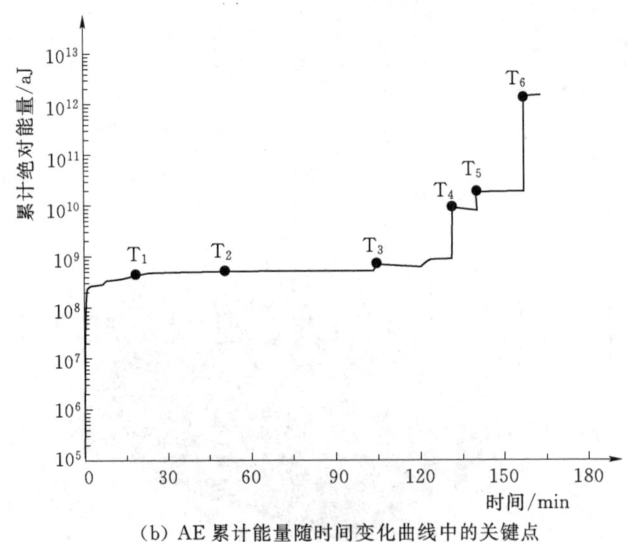

(b) AE累计能量随时间变化曲线中的关键点

图 3.14　突然卸载室内应变岩爆实验声发射能量及应力曲线关键点确定图

图 3.15 为卸载速率为 0.1MPa/s 室内应变岩爆实验声发射能量及应力曲线关键点确定图。由图可知，该实验声发射累计释放总能量为 4.5×10^{11}aJ，结合应力加载曲线，可以找到六个关键拐点 $T_1\sim T_6$，其中：①岩石加载至 500m 深度初始围压状态，能量激增后特征点 T_1；②第一次卸载后轴向加载能量略微增大特征点 T_2；③第二次卸载后轴向加载能量稳定增长特征点 T_3；④第三次卸载后轴向加载能量突增特征点

T_4；⑤第四次重新加载模拟 2000m 围压状态时能量继续增长特征点 T_5；⑥第五次卸载轴向加载至岩爆发生，能量陡增至峰值特征点 T_6。

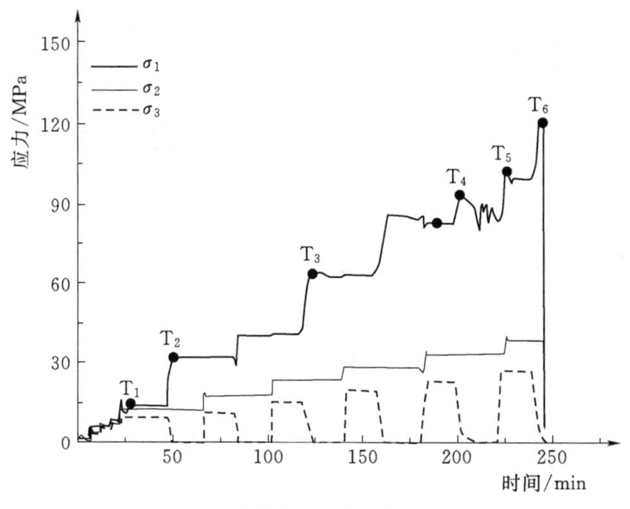

(a) 应力全过程曲线中的关键点

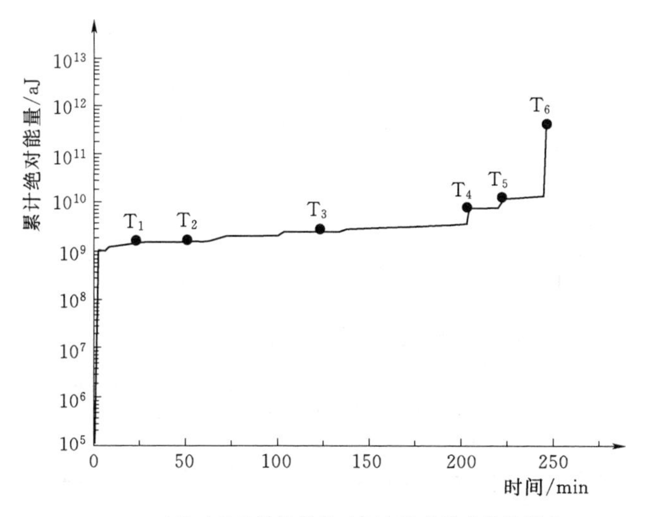

(b) AE 累计能量随时间变化曲线中的关键点

图 3.15　卸载速率 0.1MPa/s 室内应变岩爆实验声发射能量及应力曲线关键点确定图

图 3.16 为卸载速率为 0.05MPa/s 室内应变岩爆实验声发射能量及应力曲线关键点确定图。由图可知，该实验声发射累计释放总能量为 8.3×10^{10}aJ，结合应力加载曲线，可以找到六个关键拐点 $T_1 \sim T_6$ 其中：①岩石加载至 500m 深度初始围压状态，能量激增后特征点 T_1；②第一次卸载后轴向加载能量略微增大特征点 T_2；③第三次卸载后轴向加载能量稳定增长特征点 T_3；④第四次卸载后轴向加载保持阶段能量增长特征点 T_4；⑤第五次重新加载模拟 1700m 围压状态时能量继续增长特征点 T_5；⑥第五次卸载轴向加载至岩爆发生，能量陡增至峰值特征点 T_6。

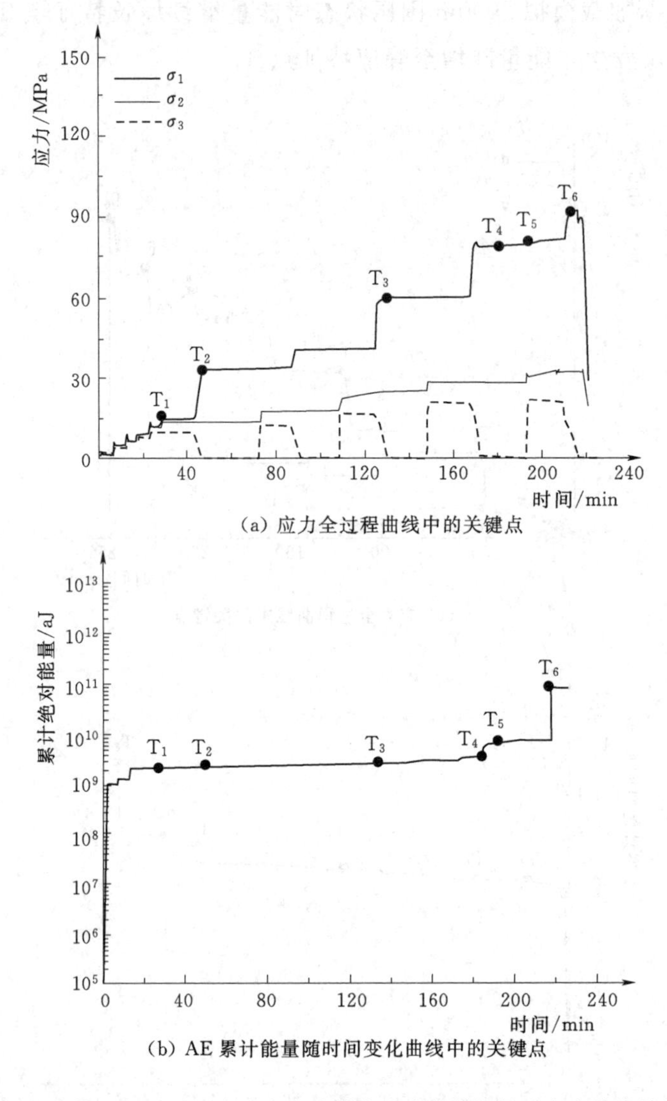

(a) 应力全过程曲线中的关键点

(b) AE 累计能量随时间变化曲线中的关键点

图 3.16　卸载速率 0.05MPa/s 室内应变岩爆实验声发射能量及应力曲线关键点确定图

图 3.17 为卸载速率为 0.025MPa/s 室内应变岩爆实验声发射能量及应力曲线关键点确定图。由图可知，该实验声发射累计释放总能量为 1.8×10^{10} aJ，结合应力加载曲线，可以找到六个关键拐点 $T_1\sim T_6$ 其中：①岩石加载至 500m 深度初始围压状态，能量激增后特征点 T_1；②第二次重新加载模拟 600m 围压状态时能量略微增大特征点 T_2；③第三次卸载后轴向加载能量稳定增长特征点 T_3；④第四次重新加载模拟 1000m 围压状态时能量增长特征点 T_4；⑤第五次卸载后轴向加载能量继续增长特征点 T_5；⑥第六次卸载轴向加载至岩爆发生，能量陡增至峰值特征点 T_6，对应临界深度为 1500m。

表 3.2 为不同卸载速率下关键点处对应应力及 AE 能量水平，可以发现在 T_1 和

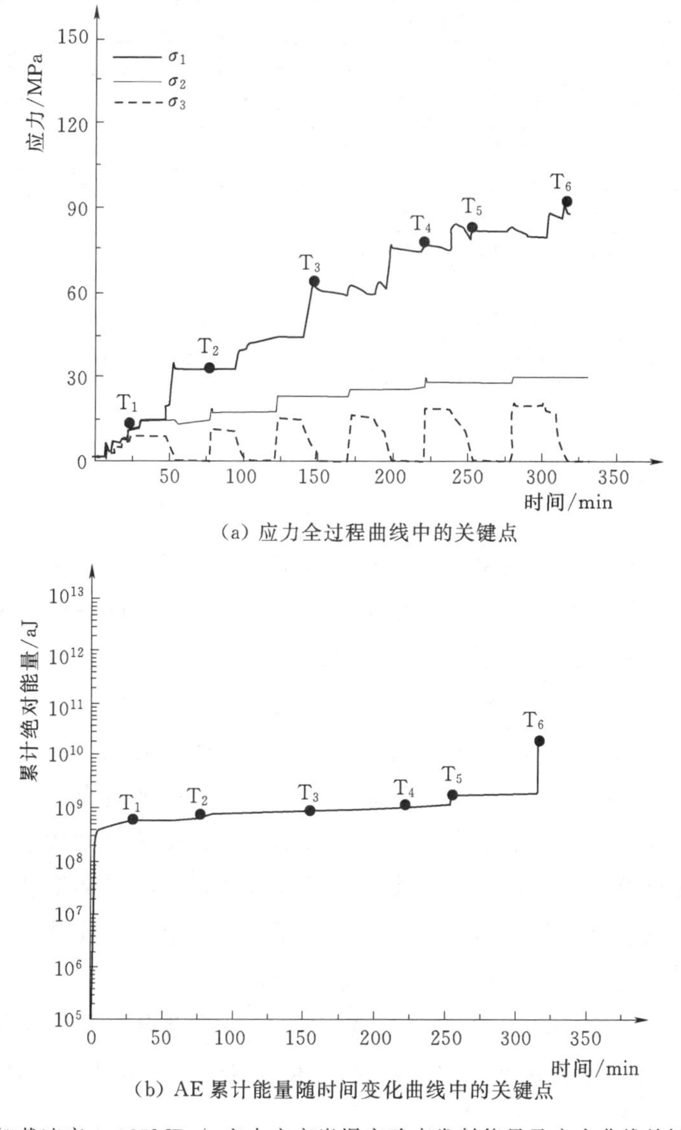

(a) 应力全过程曲线中的关键点

(b) AE 累计能量随时间变化曲线中的关键点

图 3.17 卸载速率 0.025MPa/s 室内应变岩爆实验声发射能量及应力曲线关键点确定图

T_2两个关键点处，各实验对应应力水平较为接近，而 AE 能量水平有较大差别，突然卸载实验该两个关键点阶段释放能量较少。T_3关键点处，虽然突然卸载实验对应应力水平较高，但 AE 能量释放值依然最低，其他三例实验应力水平较为接近，AE 能量值随速率的降低而减少。T_4关键点处，突然卸载和卸载速率为 0.1MPa/s 时，实验对应应力水平较为接近且较大，AE 能量值随着卸载速率的降低开始明显降低。T_5和 T_6关键点处，应力水平和 AE 能量值随着卸载速率的降低大幅度的减少。对比 T_5和 T_6关键点，可以发现 90%以上的能量在最后的岩爆时刻得以释放。该类花岗岩岩石在不同卸载速率下临界破坏应力与单轴抗压强度的比值区间为 1.25～1.77。

表 3.2 不同卸载速率下关键点处对应应力及AE能量水平

关键点	突然卸载			0.1MPa/s			0.05MPa/s			0.025MPa/s		
	应力水平		AE能量水平/aJ	应力水平		AE能量水平/aJ	应力水平		AE能量水平/aJ	应力水平		AE能量/aJ
	σ_1/MPa	σ_1/σ_c		σ_1/MPa	σ_1/σ_c		σ_1/MPa	σ_1/σ_c		σ_1/MPa	σ_1/σ_c	
T_1	14.5	0.2	4.44×10^8	14.3	0.19	1.65×10^9	15.8	0.21	2.24×10^9	13.9	0.19	5.85×10^8
T_2	33.5	0.45	5.35×10^8	31.6	0.43	1.79×10^9	33.4	0.45	2.44×10^9	33.1	0.45	7.86×10^8
T_3	75.7	1.02	7.94×10^8	63.6	0.86	2.82×10^9	60.2	0.81	2.75×10^9	63.9	0.86	9.42×10^8
T_4	90.6	1.23	9.15×10^9	92.6	1.25	8.27×10^9	79.5	1.08	3.83×10^9	78.2	1.06	1.16×10^9
T_5	113.9	1.54	2.17×10^{10}	100.7	1.36	1.23×10^{10}	81.4	1.10	7.58×10^9	83.0	1.12	1.82×10^9
T_6	130.9	1.77	1.45×10^{12}	119.6	1.62	4.50×10^{11}	92.3	1.25	8.30×10^{10}	92.1	1.25	1.80×10^{10}

3.3.2 波形时频分析

对于声发射分析，与时域和空间域的信号相比，频域特征往往具有本征性、唯一性。小到基本粒子，大到宏观世界的物体以至天体，都有其固有的频率特征，波形分析方法是存储和记录声发射信号的波形，对波形进行频谱或时频分析。由于参数分析方法对声发射仪器要求低，分析方式简单、直观，便于操作而广泛应用，但波形分析方法能更全面更直观的反映声发射源信息。研究人员通过对波形信号进行算法处理能够得深入地理解波形特征，幅值和频率的演化过程对于表征岩石试件破坏特征具有重要意义。高幅值波形信号通常集中出现在低频率区域且持续时间较长，预示着高能量的释放。对关键点处的波形信号进行快速傅里叶变换，得到其频谱特征。岩石受载荷情况下产生的声发射信号是连续的随机信号，而快速傅里叶变换就是将这些信号的时域表示形式映射到频域表示形式，得到其频率域特性。

每个波形文件采集2ms，由4096个数组成。将关键点波形信息提取出来后，利用Matlab对数据进行快速傅里叶变换得到二维频谱图，再利用短时傅里叶变换处理，得到时频图。其计算式为

$$X(k)=\sum_{j=1}^{N}x(j)\omega_N^{(j-1)(k-1)} \tag{6-1}$$

式中 $\omega_N=e^{(-2\pi i)N}$。

谱图的定义式即为短时傅里叶变换模的平方，其表达式为

$$\begin{aligned}S_z(t,f)&=|\text{STFT}_Z(t,f)|^2\\&=\left|\int_{-\infty}^{+\infty}Z(t')\eta^*(t'-t)e^{-j2\pi ft'}dt'\right|^2\end{aligned} \tag{6-2}$$

按照以上原理处理声发射波形数据后得到的时频分布具有时移和频移不变性，Matlab中运用tfrsp函数进行计算。以突然卸载情况下的声发射数据为例来进行说明，

图 3.18 中对应六个关键点处时频图，可以看出时频特征随着实验加卸载进行有明显变化，信号由低幅度向高幅度变化，且波形由持续时间短的单波向持续时间布满 2ms 的多波转化，预示着能量不断加大。

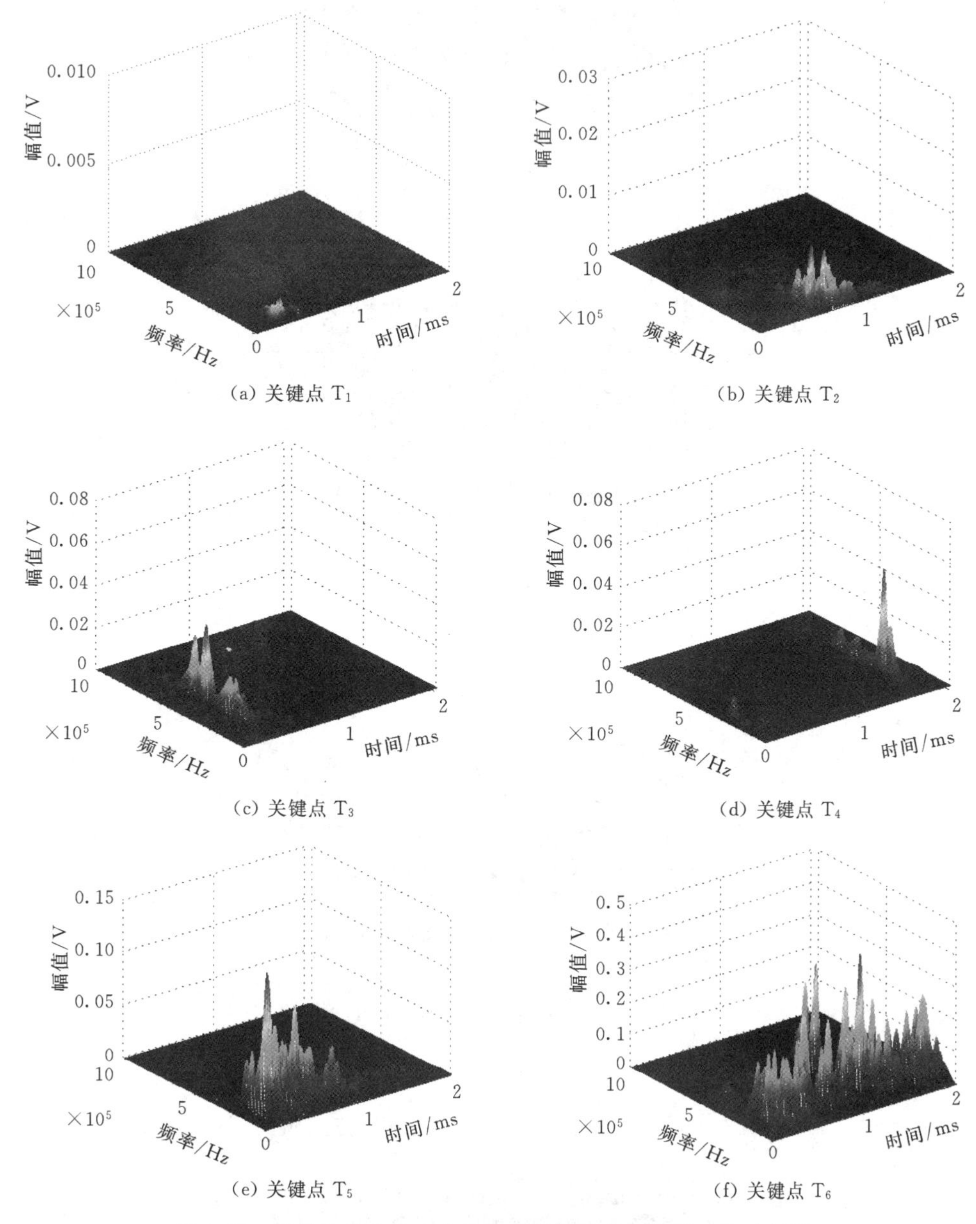

(a) 关键点 T_1　(b) 关键点 T_2

(c) 关键点 T_3　(d) 关键点 T_4

(e) 关键点 T_5　(f) 关键点 T_6

图 3.18　突然卸载室内应变岩爆实验关键点声发射三维时频图

提取全实验每个波形经处理后的峰值频率，即幅度较大尖点处的频率值，定义为主频值，绘制岩石在整个实验过程主频值分布散点图，如图 3.19 所示，横轴为波形序列，纵轴为每个波形对应的峰值频率，即主频值。注意一个波形可能会有多个幅度

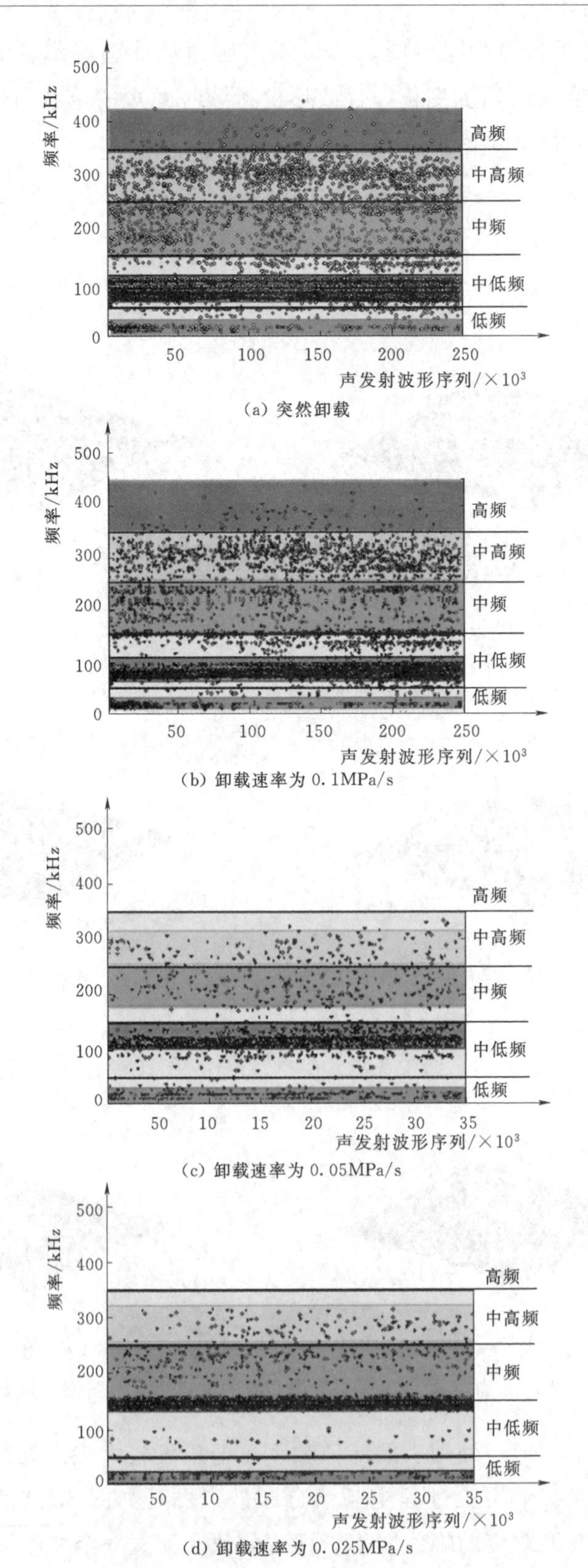

图3.19　不同卸载速率室内应变岩爆实验声发射主频分布图

尖点，也即有多个主频值。将频率分布区间分为5个频率带，包括低频带、中低频带、中频带、中高频带和高频带，分别对应的频率区间范围为0～50kHz、50～150kHz、150～250kHz、250～350kHz、350～500kHz。将各分布带上的数据点用不同的颜色覆盖，以便观察各试验下主频带分布特征。花岗岩在不断的加卸载过程中，主频带主要集中在60～100kHz，200kHz频率以上部分，数据分布十分发散，岩爆时刻大量波形数据产生，且主频成分中高频300kHz附近数据开始增多，预示着多种破裂源的产生，频率成分十分复杂。经统计其他三例不同卸载速率室内应变岩爆实验主频带，即对应卸载速率分别为0.1MPa/s、0.05MPa/s和0.025MPa/s，主频带主要集中在60～100kHz、100～125kHz和140～150kHz。随着卸载速率的降低，主频数据点骤减，且主频带有上移的趋势。

一般认为高频信号代表着微张裂纹产生而低频信号则代表着微剪裂纹产生，从主频带分布图可以看出卸载速率越大，高频信号越多，即张性破裂增强。

3.3.3 声发射 b 值演化

岩石内部的丰富信息可以通过波形文件进行表达，对其进行处理分析可以捕捉其损伤演化过程，发现该类岩石破坏的本质特征。Gutenberg - Richter（G - R）公式中的 b 值，是一个被广泛接受和认可的能够统计损伤演化模式的指标。b 值随时间发生变化，能够反映岩石内部所承受的应力和强度变化，进而反映岩石内部微裂纹尺度发育情况。在地震研究领域，G - R公式能够反映在任意给定的区域范围内，震级和比该震级大的地震波总数之间的关系，即震级与频度之间的关系，其公式为

$$\log_{10} N = a - bM \tag{6-3}$$

式中 N——震级大于 M 的地震波个数；

M——波形幅值，单位为dB；

a、b——常数。

b 为该震级与频度之间 log - linear 关系曲线的负斜率。

本章以各室内应变岩爆实验中各个关键点处波形文件取样，计算各关键点处的 b 值，分析其全实验演化规律。以突然卸载室内应变岩爆实验为例进行说明，提取 T_1 关键点处波形数据，绘制时域波形图，如图3.20（a）所示，该波形为典型的单波型信号，持续时间为1.7ms。利用快速傅里叶变换后得到二维功率谱图，如图3.20（b）所示，实质上是反映了信号功率随着频率的变化情况，即各种频率的能量分布。可以看出该波形信号主要的能量频率在75kHz左右。图3.20（c）为该波形在时域、频域的幅度分布，显示0.3～0.55ms内的波形频率范围较大，区间为50～180kHz。图3.20（d）为提取波形文件经处理后的二维功率谱图中主频对应幅值进行的幅值-频度 b 值拟合图。

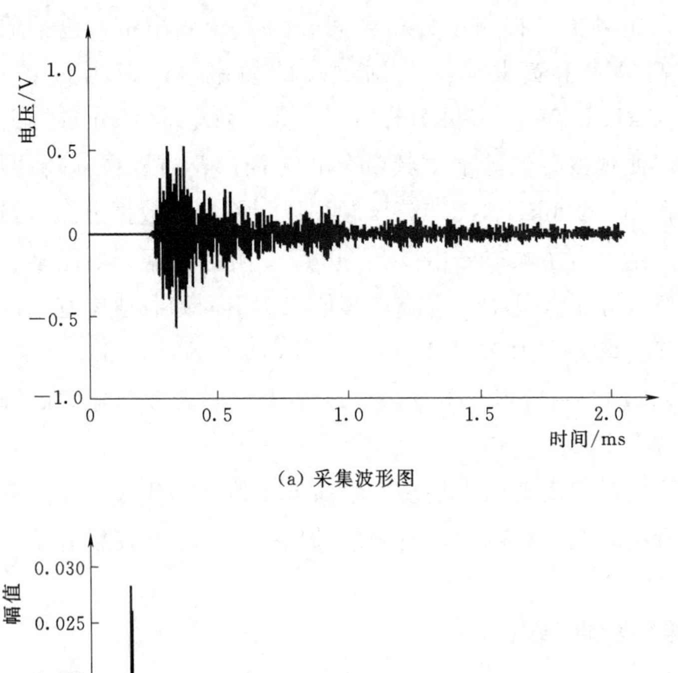

(a) 采集波形图

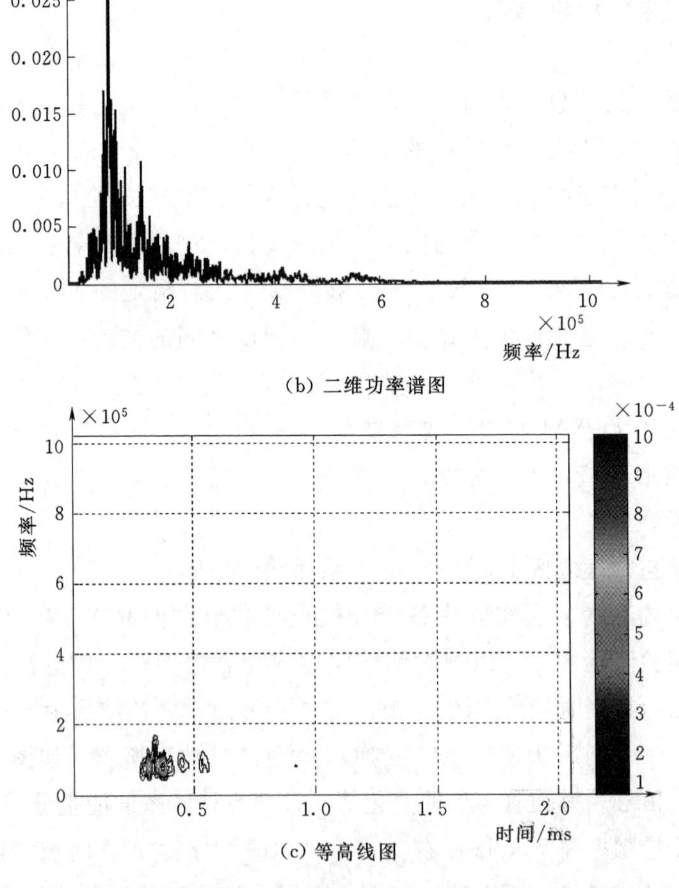

(b) 二维功率谱图

(c) 等高线图

图 3.20（一）　声发射关键点波形文件处理及 b 值计算

（以突然卸载实验关键点 T_1 处波形文件为例）

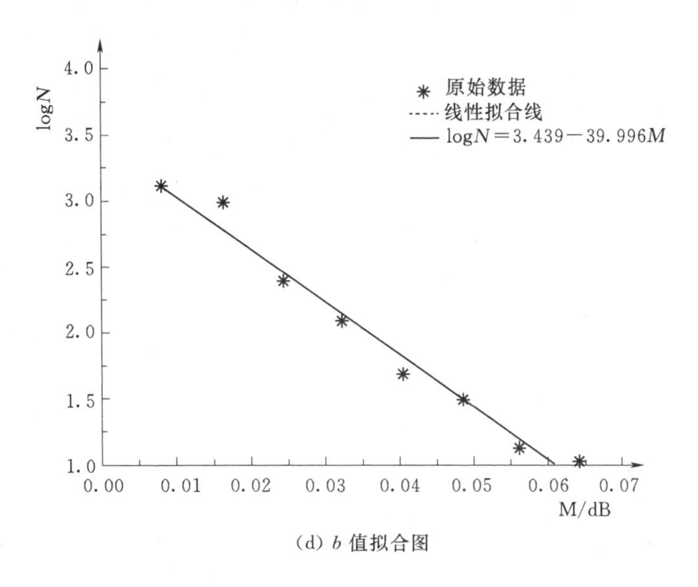

(d) b 值拟合图

图 3.20（二） 声发射关键点波形文件处理及 b 值计算
（以突然卸载实验关键点 T_1 处波形文件为例）

遵循该方法，将本实验的六个关键点处波形进行处理，每一个关键点处会对应有一个 a 值和 b 值，图 3.21 为突然卸载实验声发射关键点 G－R 公式中 a、b 值玫瑰分布图。可以看出，a 值相差不大，而 b 值则有开始增大，后面开始减少，尤其是岩爆时刻大幅度降低。将不同卸载速率下室内应变岩爆实验各关键点处的 a、b 值进行统计，见表 3.3。

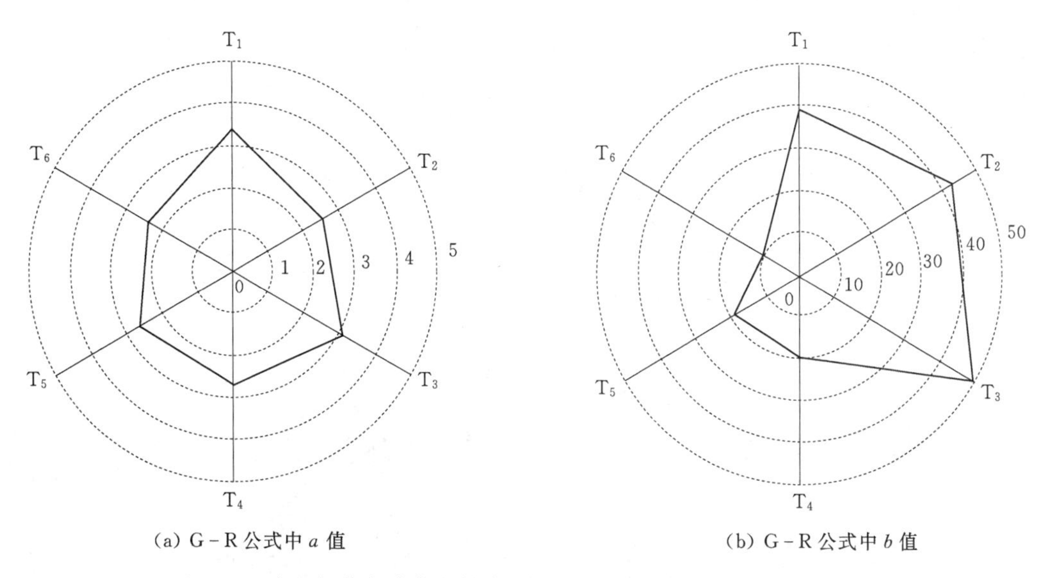

(a) G－R 公式中 a 值　(b) G－R 公式中 b 值

图 3.21 突然卸载实验声发射关键点 G－R 公式中 a、b 值玫瑰分布图

表 3.3 不同卸载速率下室内应变岩爆实验各关键点处 *a*、*b* 值

关键点	参数	突然卸载	卸载速率		
			0.1MPa/s	0.05MPa/s	0.025MPa/s
T_1	*a*	3.439	3.134	2.734	2.454
	b	39.996	37.757	34.672	37.150
T_2	*a*	2.532	2.250	1.869	2.752
	b	44.360	46.178	36.852	39.284
T_3	*a*	3.077	3.050	3.233	2.958
	b	49.998	48.932	39.600	41.730
T_4	*a*	2.749	2.546	2.610	2.722
	b	19.311	28.030	28.550	36.372
T_5	*a*	2.655	2.197	2.505	2.166
	b	18.570	23.140	24.133	33.180
T_6	*a*	2.384	2.406	2.486	2.334
	b	10.800	11.109	19.260	19.163

图 3.22 为不同卸载速率下室内应变岩爆实验各关键点 G－R 关系式中 *b* 值变化曲线，可以发现虽然 *b* 值大小有着明显差异，但 *b* 值演化过程有着相似的变化趋势，加卸载初期，即 T_1～T_3阶段，声发射 *b* 值较大，且呈现稳步增大的趋势，说明微裂纹缓慢发育，所占比例不断增加，且声发射事件幅值变化不是很大。随着载荷的增加，进入 T_4～T_5阶段，声发射 *b* 值快速下降，说明微裂纹已经发育贯穿，更多的形成宏观裂隙，具有大幅值的声发射事件不断产生，岩石内部裂纹呈现极其不稳定的微裂纹快速发育，宏观裂纹不断形成的状态。岩爆阶段，即 T_6时刻，声发射 *b* 值降到最低值，大量的高幅值声发射事件快速产生，岩石进入失稳破坏阶段。对比

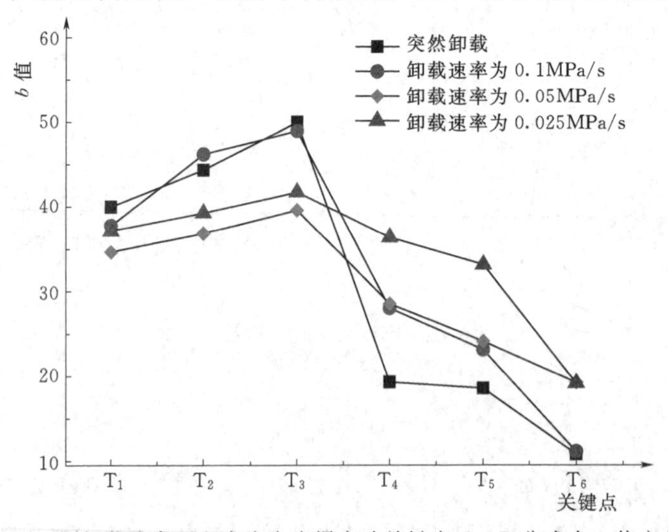

图 3.22 不同卸载速率下室内应变岩爆实验关键点 G－R 公式中 *b* 值变化曲线

可以发现，卸载速率越大，最终岩爆时刻 b 值越小，预示着宏观破裂越多，震级能量越大。

3.4 本章小结

本章主要介绍了卸载速率这一影响应室内应变岩爆实验结果的重要因素及其系列实验，通过改变最小主应力卸载速率来研究现场开挖速率的影响，发现不同卸载速率对花岗岩岩爆破坏强度有很大影响，随着卸载速率的降低，岩爆临界轴向最大主应力由130MPa左右降到了92MPa，岩爆破坏宏观过程也有很大差异，卸载速率越大，碎屑弹射等动力学现象越明显且最后岩石表面留下的爆坑深度大，体积也大。卸载速率降低，岩石碎屑大多片状弯折剥落，相应爆坑深度小，体积也小。不同卸载速率下，花岗岩试件岩爆后表面破裂特征有明显差异。从岩爆破裂面碎屑微观特征可以看出，卸载岩爆产生的裂纹为沿晶穿晶复合裂纹，且随卸载速率的增大，试件破裂面张性特性越明显。卸载速率降低，沿晶裂纹，穿晶裂纹都相应的减少，难以被观察到。依据碎屑粒径范围分类可以看出，卸载速率越大，碎屑块数总量越多，且微粒，细粒和中粒所占比例也越大，证明了快速开挖卸载将产生更加剧烈的颗粒弹射等动力学破坏现象。碎屑尺度特征值中的长厚比可以表征碎屑形状特征，岩爆发生时，碎屑多是片状，薄片状。但随着卸载速率增大，长厚比小的柱状，块状碎屑所占的比例也增大。

采集系列实验过程的声发射数据，首先进行参数分析，绘制全时域幅度-频率-时间三维图，可以看出高幅度信号主要集中在较低频率区间范围内，且随着卸载速率的降低，最终岩石破坏时产生的高幅度信号量有降低的趋势。绘制时间-累计声发射能量图，可以确定实验演化过程的关键点，找到对应应力水平和能量水平，结果发现发现90%以上的能量在最后的岩爆时刻得以释放。该类花岗岩岩石在不同卸载速率下临界破坏应力与单轴抗压强度的比值区间为1.25～1.77。对声发射波形文件进行短时傅里叶变换，获得关键点处3D频谱图，发现随着实验进行波形由低幅值向高幅值变化，且波形由持续时间短的单波向持续时间布满2ms的多波转化。提取幅度最大处对应频率，定义为主频，提取每个波形的主频值，结果发现对应突然卸载，或卸载速率分别为0.1MPa/s、0.05MPa/s、0.025MPa/s时，主频带分布于60～100kHz、60～100kHz、100～125kHz和140～150kHz。随着卸载速率的降低，主频数据点骤减，且主频带有上移的趋势。卸载速率越大，高频信号成分越多，张性破裂越明显。最后，引入地震研究领域中反映震级与频度之间的关系式，计算声发射实验中波形数和波形幅值之间的关系，发现加卸载初期，声发射 b 值较大，岩石内部微裂纹不断的发育，低幅值波形不断产生，比例不断增加，b 值缓慢增加。随着载荷的进一步加大，

声发射 b 值快速下降，岩石内部微裂纹贯穿，形成宏观裂隙，具有大幅值的波形不断产生。岩爆阶段，声发射 b 值降到最低值，大量的高幅值声发射事件快速产生，岩石进入失稳破坏阶段。对比发现，卸载速率越大，岩爆时刻 b 值越小，预示宏观破坏越多，震级能量越大。

第 4 章

不同岩石尺寸下的室内应变岩爆实验研究

本章主要介绍不同岩石尺寸的室内岩爆模拟实验，对比分析了该因素对岩爆特征的影响。结合实验要求，相对应设计立方体岩石试件高度分别为 150mm、120mm、90mm 及 60mm，采集室内应变岩爆实验过程实时应力水平和声发射信号，同时利用高速摄影捕捉岩石卸载面破裂特征。从岩石最终发生岩爆时临界应力，破坏特征，碎屑体积形状特征、微观特征以及声发射特征来分析岩石尺寸的影响。

4.1 岩爆破坏特征对比

4.1.1 临界应力

根据现场提供的地应力测试结果，确定岩石 500m 深度处初始围压为 $\sigma_1=19MPa$、$\sigma_2=13MPa$、$\sigma_3=12MPa$，此系列实验是为了研究岩爆过程中的尺寸效应问题，因此统一采用简单的一次卸载后轴向集中的滞后型加载路径。

实验加卸载过程可以总结为：采用逐级加载，每级应力为 2MPa，加载间隔为 5min。加载至初始围压状态，保持约 30min 后，单面突然卸载水平最小主应力 $\sigma_3=0$，暴露岩石表面，同时以 0.5MPa/s 的恒定速度加载最大主应力方向荷载 σ_1 来模拟开挖后的应力集中现象，同时保持中间主应力荷载 σ_2，持续加载直至岩石发生最终破坏。

图 4.1（a）中不同岩石尺寸侧面照片，高度分别为 150mm、120mm、90mm、60mm。由于实验机竖向加载部分空间限制，需要在不同尺寸岩石两端增加钢垫块，使得岩石钢垫块组合试件达到 150mm，以使得实验机能够在轴向进行加载。

如图 4.2～图 4.5 为实测不同尺寸花岗岩岩爆实测应力路径曲线，由于是人工手动操作液压加载控制系统，所以实测曲线与设计曲线略有不同，存在一定的波动。花岗岩试件即使具有相同的尺寸最终破坏应力也有差异，这就是岩石非均质性导致的结果。当岩石高度为 150mm 时，试件 G_1 在实验开始后第 76min，发生了最终的岩爆破坏，其最终破坏临界应力为 $\sigma_1=159.2MPa$、$\sigma_2=13.7MPa$、$\sigma_3=0$；试件 G_2 在实验开始后第 73min，发生了最终的岩爆破坏，其最终破坏临界应力为 $\sigma_1=137.4MPa$、$\sigma_2=14.2MPa$、$\sigma_3=0$。当岩石高度为 120mm 时，试件 G_4 在实验开始后第 75min，发生了最终的岩爆破坏，其最终破坏临界应力为 $\sigma_1=170.7MPa$、$\sigma_2=13.9MPa$、$\sigma_3=0$；试件 G_5 在实验开始后第 72min，发生了最终的岩爆破坏，其最终破坏临界应力为 $\sigma_1=151.0MPa$、$\sigma_2=13.4MPa$、$\sigma_3=0$；试件 G_6 在实验开始后第 69min，发生了最终

(a)

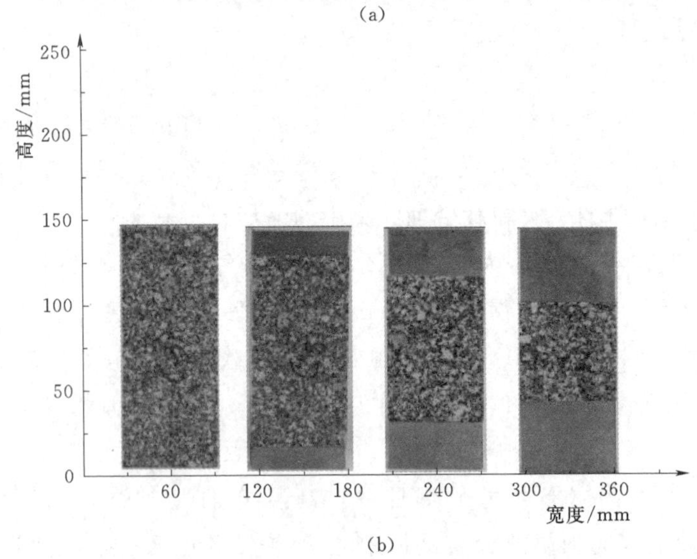

(b)

图 4.1　不同岩石尺寸样品及其与钢垫块组合布置

的岩爆破坏，其最终破坏临界应力为 $\sigma_1=148.2$MPa、$\sigma_2=14.6$MPa、$\sigma_3=0$。当岩石高度为 90mm 时，试件 G_7 在实验开始后第 74 min，发生了最终的岩爆破坏，其最终破坏临界应力为 $\sigma_1=163.9$MPa、$\sigma_2=13.8$MPa、$\sigma_3=0$；试件 G_8 在实验开始后第 68 min，发生了最终的岩爆破坏，其最终破坏临界应力为 $\sigma_1=142.3$MPa、$\sigma_2=14.6$MPa、$\sigma_3=0$。当岩石高度为 60mm 时，试件 G_{10} 在实验开始后第 67min，发生了最终的岩爆破坏，其最终破坏临界应力为 $\sigma_1=165.5$MPa、$\sigma_2=14.7$MPa、$\sigma_3=0$；试件 G_{11} 在实验开始后第 65min，发生了最终的岩爆破坏，其最终破坏临界应力为 $\sigma_1=175.8$MPa、$\sigma_2=13.6$MPa、$\sigma_3=0$；试件 G_{12} 在实验开始后第 66min，发生了最终的岩爆破坏，其最终破坏临界应力为 $\sigma_1=186.8$MPa、$\sigma_2=13.5$MPa、$\sigma_3=0$。

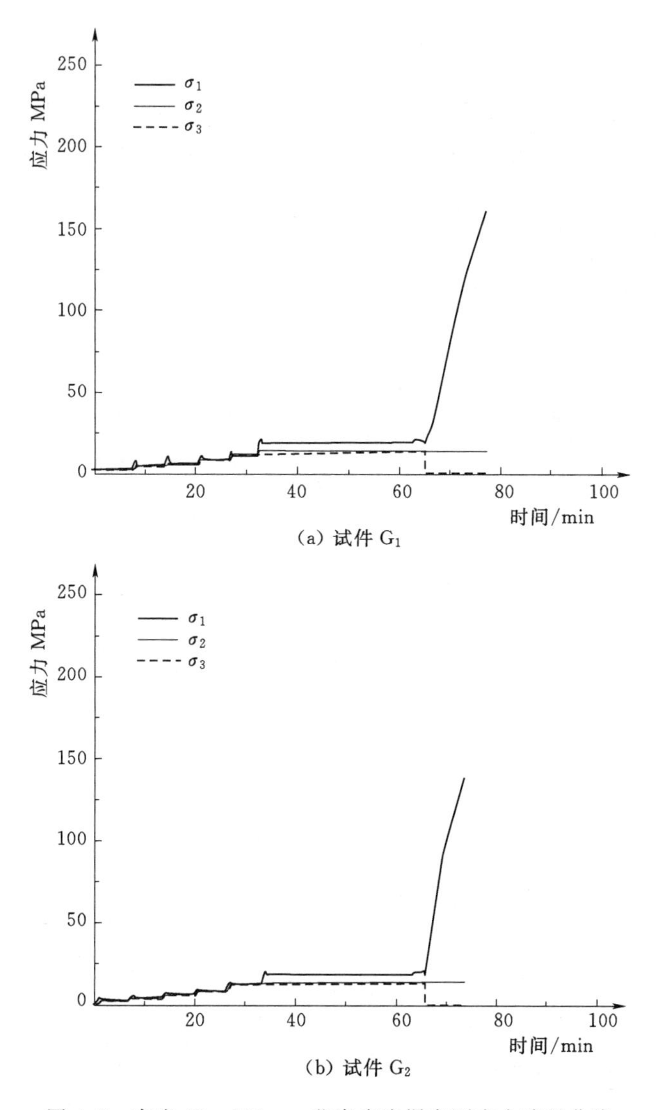

(a) 试件 G_1

(b) 试件 G_2

图 4.2 高度 $H=150$mm 花岗岩岩爆实测应力路径曲线

图 4.6 为岩爆临界轴向应力随岩石高度变化特征图。岩石尺寸在一定程度上影响着岩爆临界强度的大小，当岩石尺寸最低时，临界强度集中于 175MPa。随着岩石试件高度增大，岩石发生岩爆破坏的临界应力有降低的趋势且分布较为分散。

4.1.2 宏观破坏特征

图 4.7 为不同岩石尺寸试件岩爆破坏过程高速照片，图 4.8 为不同岩石尺寸试件破坏后各表面照片。

(1) 当岩石高度为 150mm 时，试件 G_1 在距离卸载约 9min 时，表面裂纹出现并

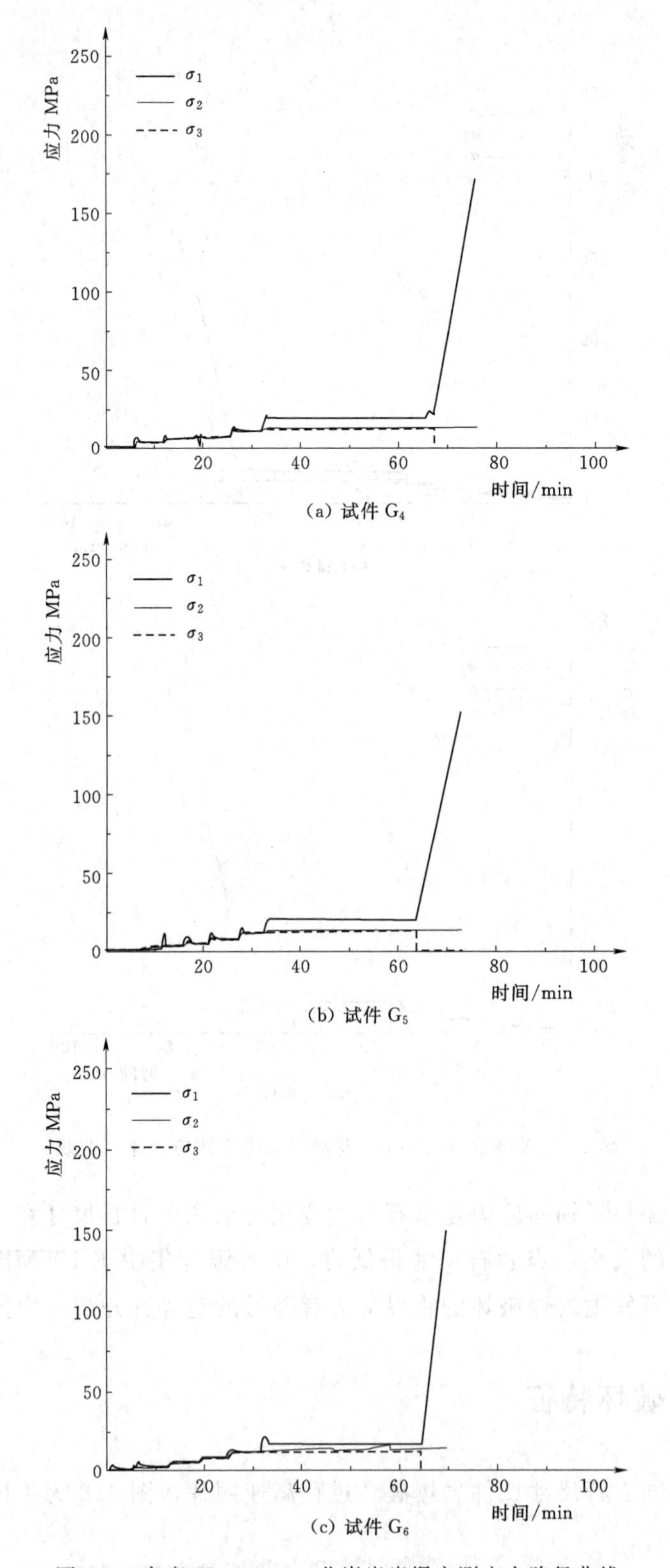

(a) 试件 G_4

(b) 试件 G_5

(c) 试件 G_6

图 4.3　高度 $H=120$mm 花岗岩岩爆实测应力路径曲线

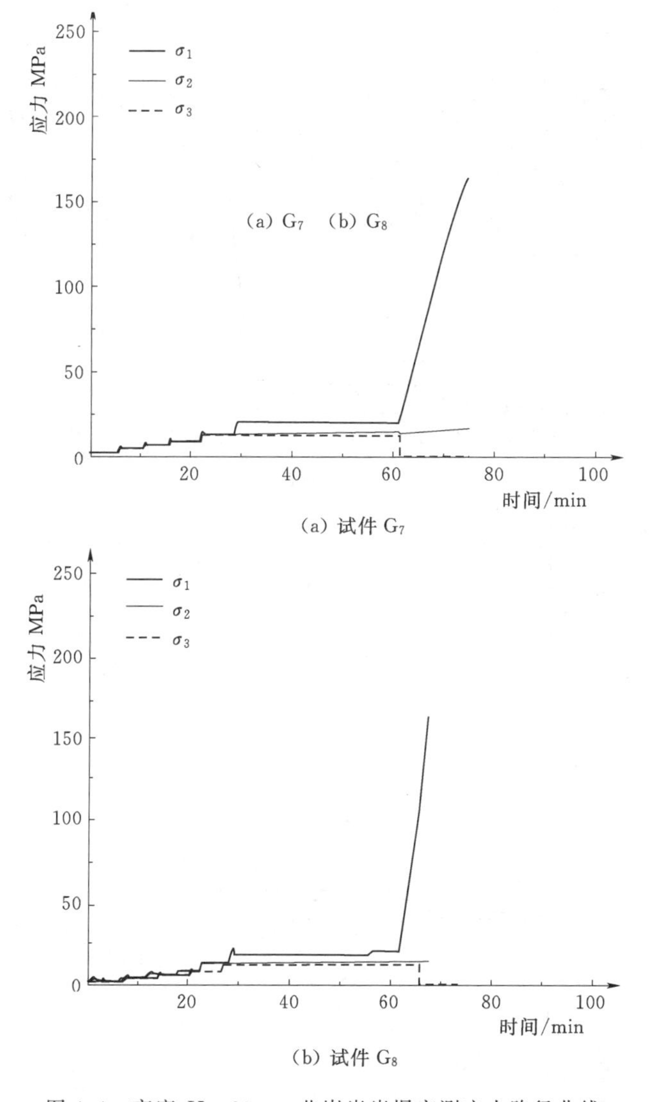

(a) 试件 G_7

(b) 试件 G_8

图 4.4 高度 $H=90\text{mm}$ 花岗岩岩爆实测应力路径曲线

伴随局部较小颗粒弹射，试件内部发出微小声响。随后试件底部出现薄片状碎屑弹射，紧接着试件底部约占临空面 1/3 的面积出现较猛烈的片状剥离，并折断后以较高速度飞出，伴随较大响声，大量碎屑弹出。由实验后照片可以观察到试件中下部约一半厚岩石被弹出，残留面较为新鲜，没有明显的摩擦滑移现象，从侧面观察，一条近乎于轴向平行的竖向主裂纹贯穿通过试件，试件张性劈裂破坏特征明显。

(2) 当岩石高度为 120mm 时，试件 G_5 在卸载后约 9min，发生破坏。首先在试件左中部出现小颗粒弹射，内部声响不断，右中部片状碎屑弹出，最终试件上部大片碎屑弯折弹出，全面破坏，破坏过程持续约 20s。从顶部开始近 2/3 表面发生弹射，残留面呈层状剥离，侧面有一条斜向裂纹从中部开始贯穿，与轴向约呈 10°。

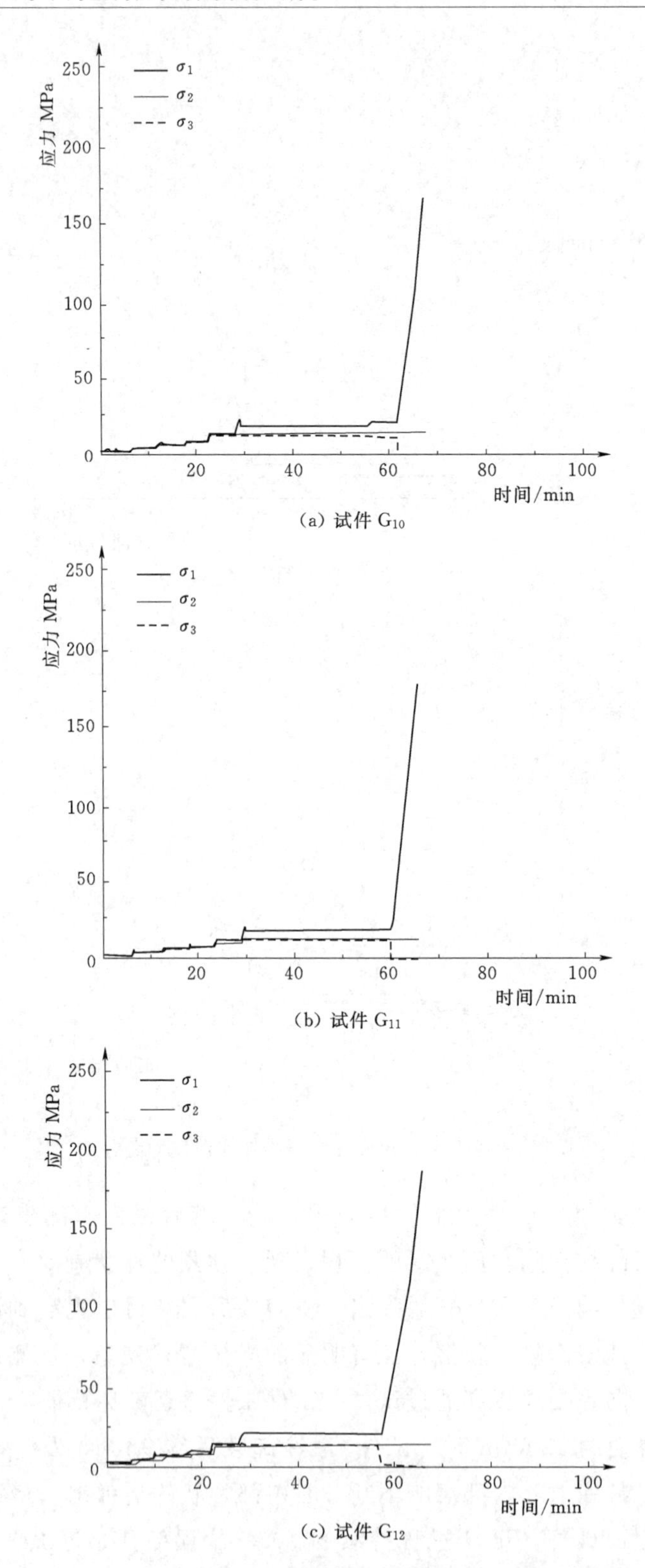

(a) 试件 G_{10}

(b) 试件 G_{11}

(c) 试件 G_{12}

图 4.5　高度 H＝60mm 花岗岩岩爆实测应力路径曲线

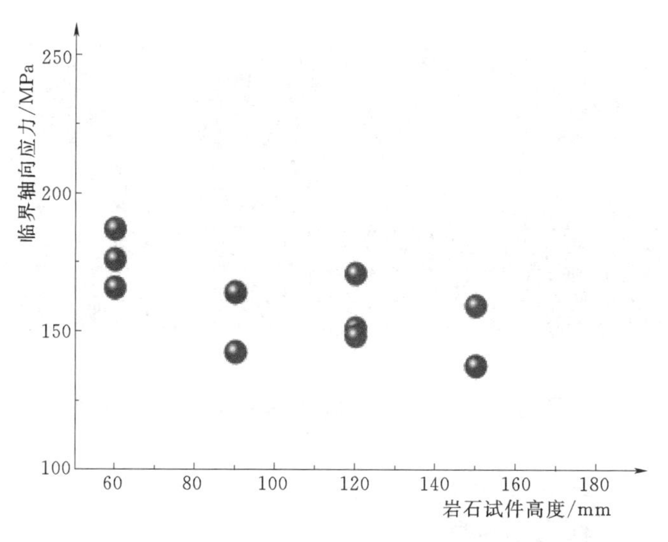

图 4.6 岩爆临界轴向应力随岩石高度变化特征图

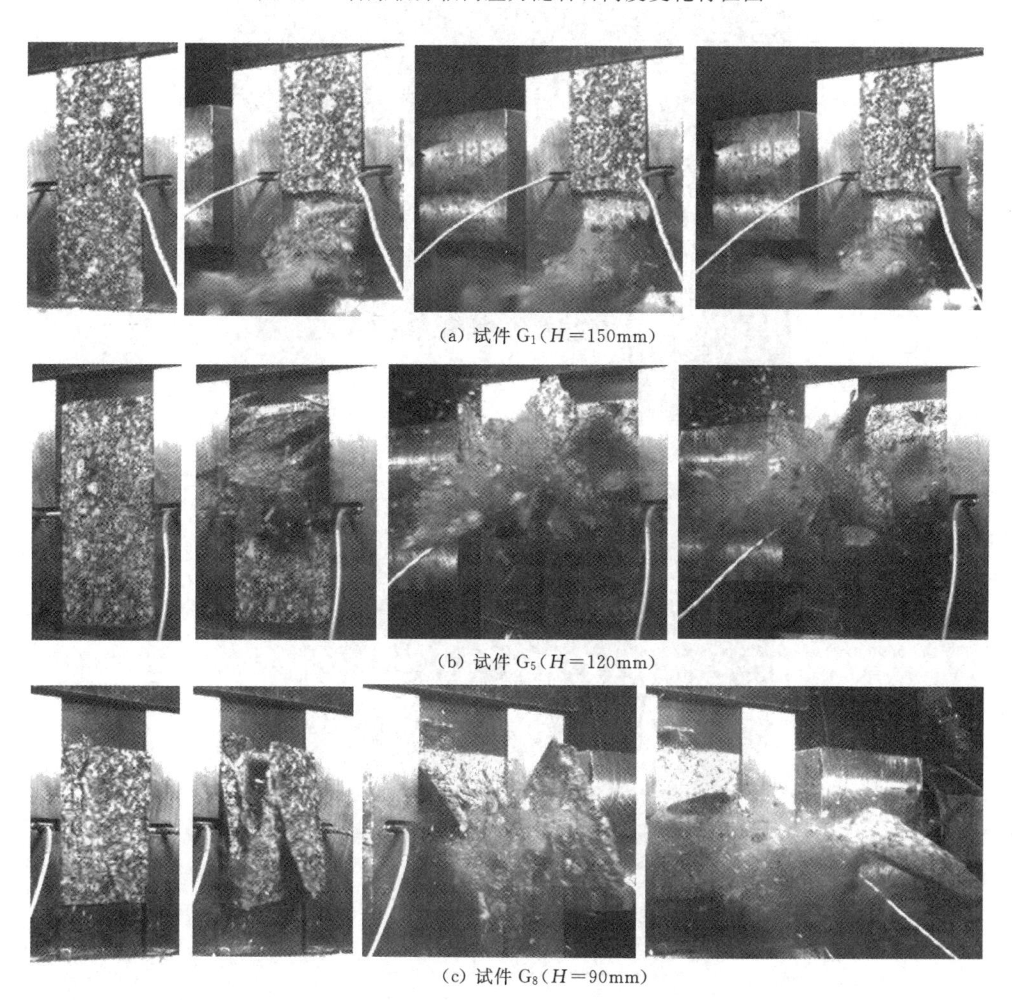

(a) 试件 G_1(H=150mm)

(b) 试件 G_5(H=120mm)

(c) 试件 G_8(H=90mm)

图 4.7(一) 不同岩石尺寸试件岩爆破坏过程高速照片

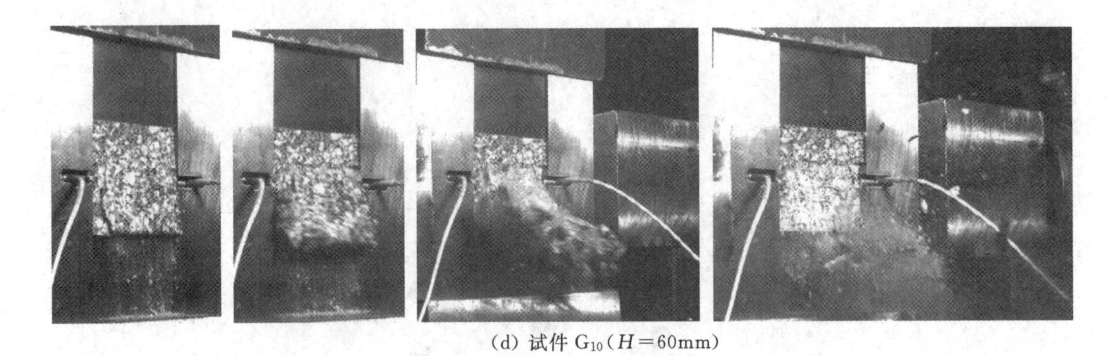

(d) 试件 G_{10}（H=60mm）

图 4.7（二）　不同岩石尺寸试件岩爆破坏过程高速照片

(a) 试件 G_1（H=150mm）

(b) 试件 G_5（H=120mm）

图 4.8（一）　不同岩石尺寸试件破坏后各表面照片

(c) 试件 G_8(H=90mm)

(d) 试件 G_{10}(H=60mm)

图 4.8(二) 不同岩石尺寸试件破坏后各表面照片

(3) 当岩石高度为 90mm 时,试件 G_8 在卸载后约 4min40s,发生破坏。首先试件顶端零星小颗粒快速弹出,随后试件中部竖向裂纹快速扩展,不断有小颗粒掉落,裂纹贯通后试件整个表面沿裂纹全部弹出,整个过程持续了约 2min。试件全表面发生爆破,残留面摩擦滑移现象明显,侧面一条斜向裂纹从中部向下部贯穿,与轴向约呈 30°。

(4) 当岩石高度为 60mm 时,试件 G_{10} 在卸载后约 5min30s,底端有细小粉末状碎屑不断掉落,随后试件右端有竖向裂纹扩展裂开,试件整个表面沿着裂纹向上弯曲,快速弹出。破坏过程持续了约 48s。全表面碎屑弹射,残留面摩擦滑移现象显著,已无法清楚观察到岩石矿物晶粒构造,侧面一条斜向裂纹从顶端贯穿到底端,将试件斜向剪切成两半,该裂纹与轴向约呈 45°。

4.2　碎屑破坏特征对比

4.2.1　碎屑尺度特征

在不同岩石尺寸卸载室内应变岩爆实验后，对十份岩石试件的碎屑进行收集并进行筛分。筛分粒径分别为0.075mm，0.25mm，0.5mm，1.0mm，2.0mm，5.0mm和10.0mm，得到每个粒组区间碎屑，如图4.9～图4.12所示为不同高度下产生的碎屑不同粒径区间内照片。筛分后称重每个粒径区间内碎屑质量，求得该尺寸范围内试件碎屑的质量百分比。同时对于粒径$d>10.0$mm的部分中粒碎屑和粗粒碎屑进行计数和尺寸量测。使用游标卡尺分别测量粒径$d>10.0$mm碎屑长度方向，宽度方向，厚度方向的最大值作为该碎屑的长、宽、厚，确定碎屑最基本的尺度特征，以长宽比、长厚比及宽厚比作为基本参量表征碎屑。

表4.1为不同岩石尺寸下不同粒径范围内岩爆碎屑质量及计数，可以看出岩爆产生的碎屑主要以粗粒和中粒为主。图4.13绘出了相应的各质量百分比分布图，不同高度岩石应变岩爆实验产生的岩石碎屑在粗粒粒组中所占比重很大，最低有83%，最高可达97%，且随着岩石试件高度的增大，粗粒碎屑质量百分比也越大。对于中粒及细粒粒组，有着相一致的规律，即随着岩石试件高度的增大，相应质量百分比呈明显下降趋势。不同高度岩石室内应变岩爆实验产生的岩石碎屑在中粒粒组所占比重最低有3.4%，最高为8.3%，在细粒粒组所占比重最低有2.3%，最高为8.5%。而在微粒粒组所占比重最低有0.06%，最高为0.27%，其分布趋势随岩石高度变化较小。岩石试件高度低时，弹射出的碎屑较多，动力破坏现象更加明显，与岩爆破坏特征相一致。

图4.14为不同岩石高度下碎屑尺度特征比值图。

(1) 当岩石高度为150mm时，试件G_1岩爆后产生的碎屑长度与厚度、长度与宽度和宽度与厚度的比值分布区间分别为2.73～12.85、1.11～3.07和1.34～6.50，片状、薄片状碎屑数量占到了总数目的64%，平均长厚比为6.69。试件G_2岩爆后产生的碎屑长度与厚度、长度与宽度和宽度与厚度的比值分布区间分别为2.86～14.95、1.00～4.31和1.51～8.33，片状、薄片状碎屑数量占到了总数目的61.5%，平均长厚比为7.07。

(2) 当岩石高度为120mm时，试件G_4岩爆后产生的碎屑长度与厚度、长度与宽度和宽度与厚度的比值分布区间分别为2.16～8.81、1.02～1.89和1.25～4.92，片状、薄片状碎屑数量占到了总数目的28.6%，平均长厚比为5.04。试件G_5岩爆后产

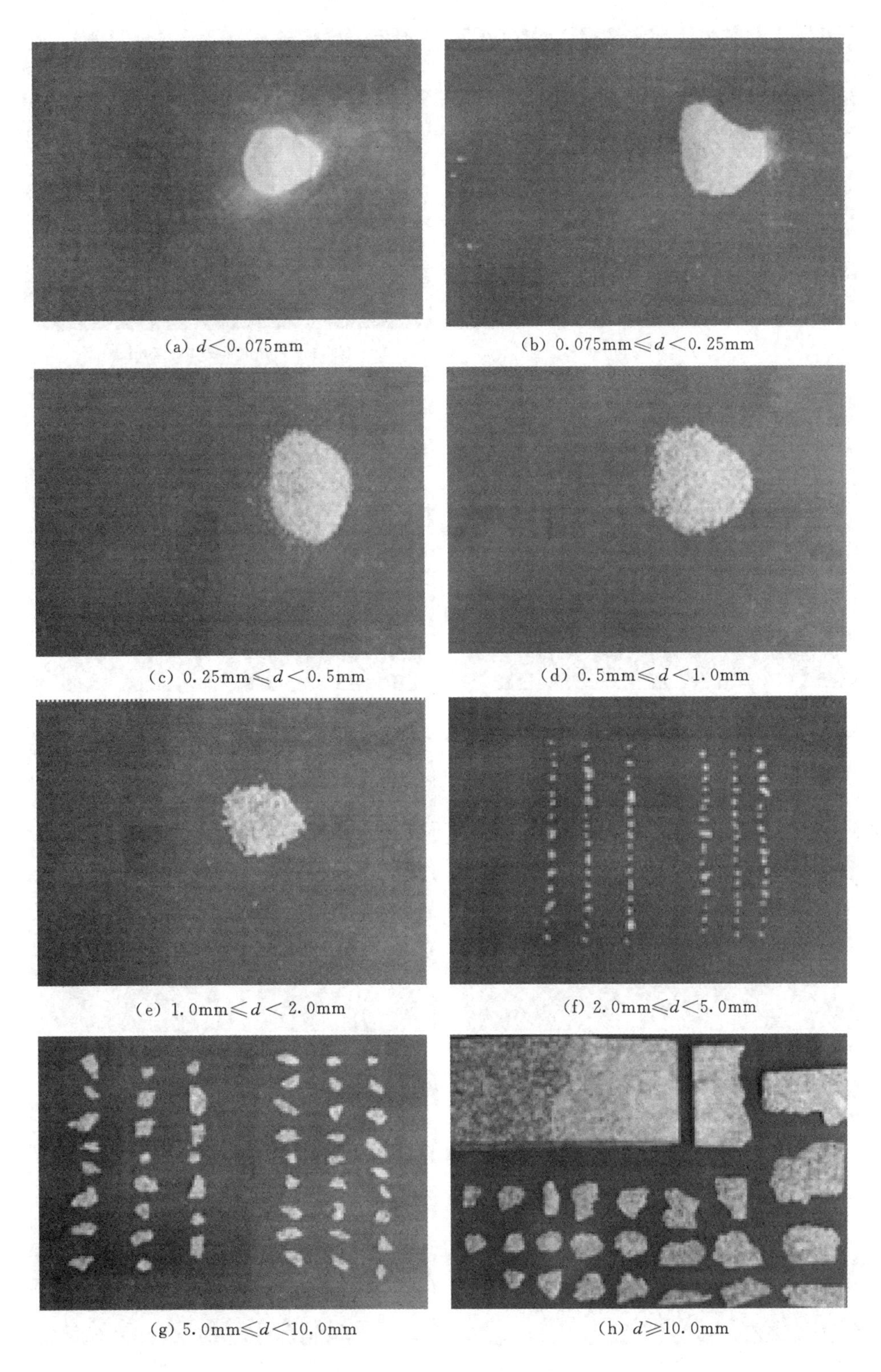

(a) $d<0.075$mm　(b) $0.075\text{mm}\leqslant d<0.25$mm

(c) $0.25\text{mm}\leqslant d<0.5$mm　(d) $0.5\text{mm}\leqslant d<1.0$mm

(e) $1.0\text{mm}\leqslant d<2.0$mm　(f) $2.0\text{mm}\leqslant d<5.0$mm

(g) $5.0\text{mm}\leqslant d<10.0$mm　(h) $d\geqslant 10.0$mm

图 4.9　试件 G_2（$H=150$mm）应变岩爆实验产生的各粒径范围内碎屑照片

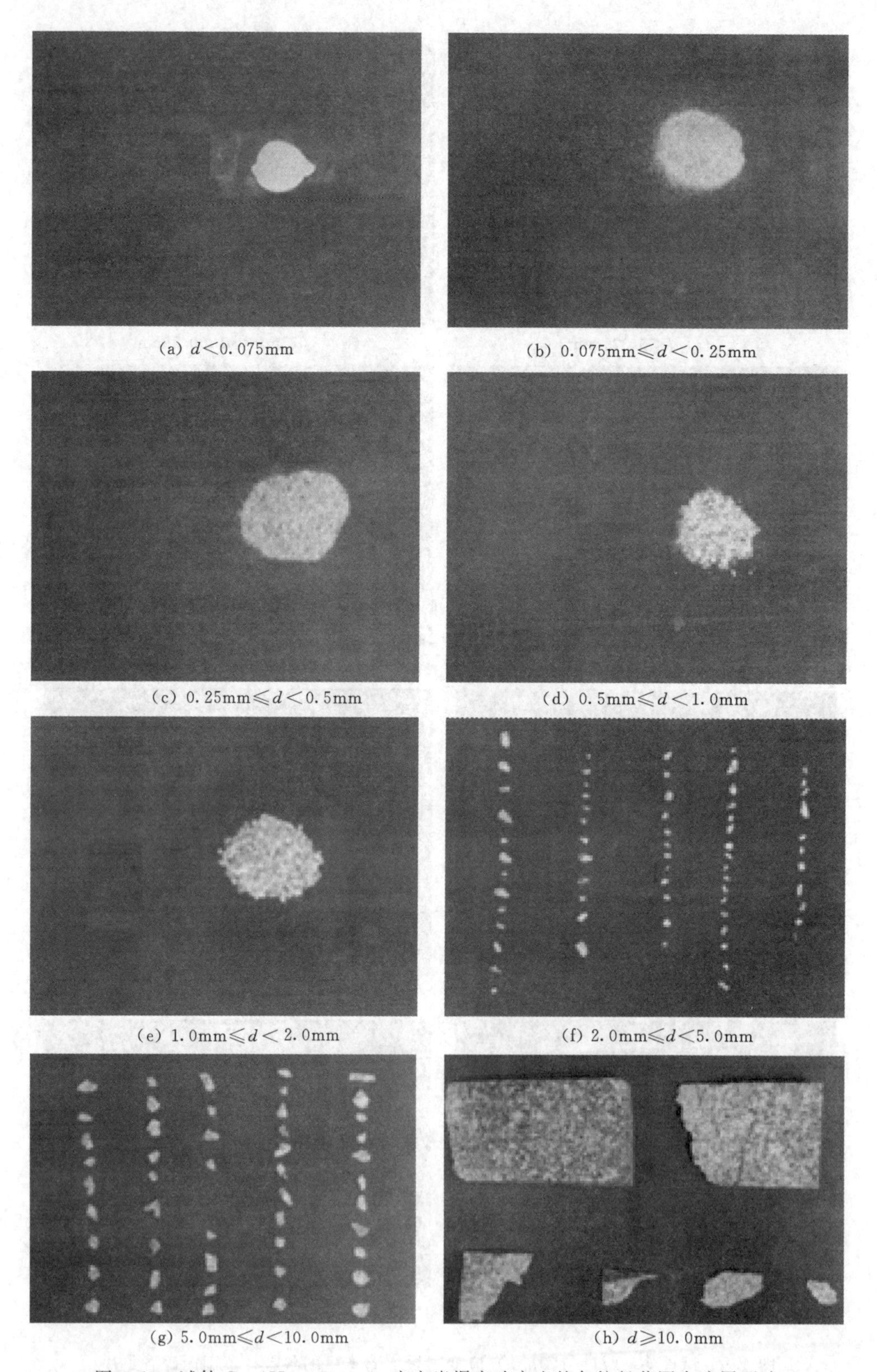

(a) $d<0.075$mm (b) $0.075\text{mm}\leqslant d<0.25$mm

(c) $0.25\text{mm}\leqslant d<0.5$mm (d) $0.5\text{mm}\leqslant d<1.0$mm

(e) $1.0\text{mm}\leqslant d<2.0$mm (f) $2.0\text{mm}\leqslant d<5.0$mm

(g) $5.0\text{mm}\leqslant d<10.0$mm (h) $d\geqslant10.0$mm

图 4.10 试件 G_4（$H=120$mm）应变岩爆实验产生的各粒径范围内碎屑照片

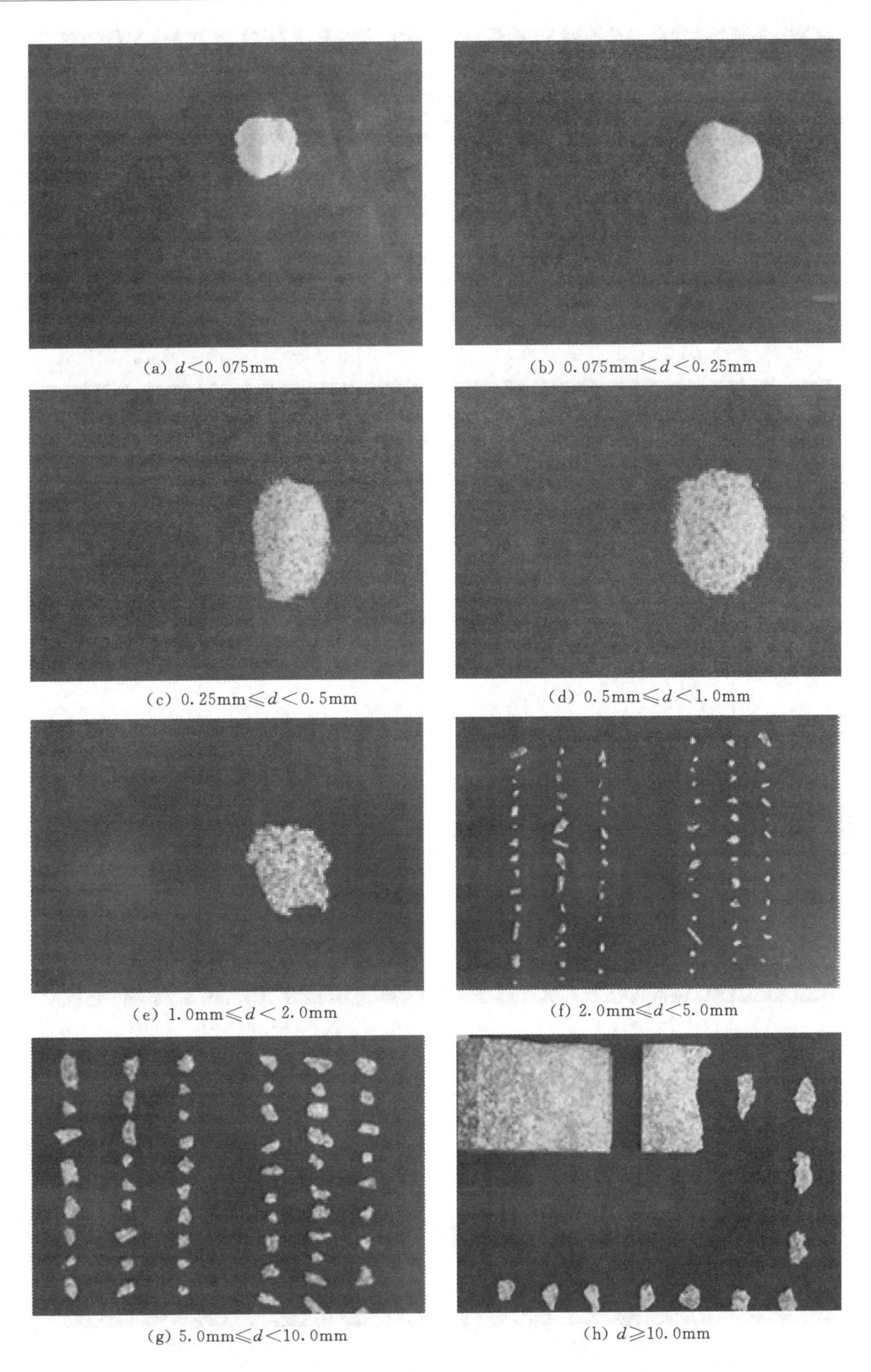

(a) $d<0.075$mm (b) $0.075\text{mm}\leqslant d<0.25$mm

(c) $0.25\text{mm}\leqslant d<0.5$mm (d) $0.5\text{mm}\leqslant d<1.0$mm

(e) $1.0\text{mm}\leqslant d<2.0$mm (f) $2.0\text{mm}\leqslant d<5.0$mm

(g) $5.0\text{mm}\leqslant d<10.0$mm (h) $d\geqslant10.0$mm

图 4.11 试件 G_7（$H=90$mm）应变岩爆实验产生的各粒径范围内碎屑照片

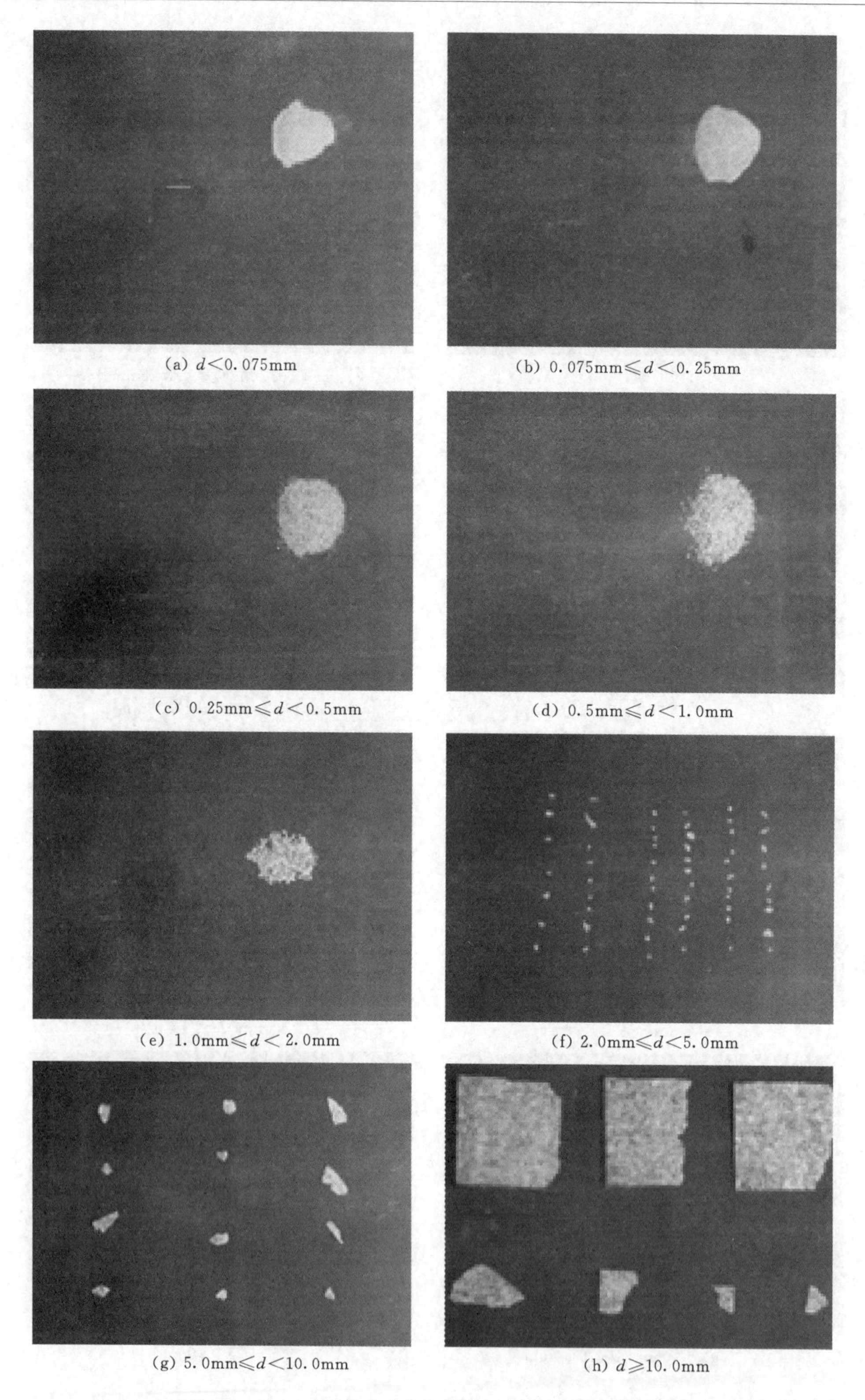

(a) $d<0.075$mm　(b) $0.075\text{mm}\leqslant d<0.25$mm

(c) $0.25\text{mm}\leqslant d<0.5$mm　(d) $0.5\text{mm}\leqslant d<1.0$mm

(e) $1.0\text{mm}\leqslant d<2.0$mm　(f) $2.0\text{mm}\leqslant d<5.0$mm

(g) $5.0\text{mm}\leqslant d<10.0$mm　(h) $d\geqslant10.0$mm

图4.12　试件G_{12}（$H=60$mm）应变岩爆实验产生的各粒径范围内碎屑照片

表 4.1 不同岩石尺寸下不同粒径范围内岩爆碎屑质量及计数

分类	编号	微粒		细粒		中粒		粗粒	
		$d<0.075$mm		$0.075\text{mm}\leqslant d<5$mm		$5\text{mm}\leqslant d\leqslant 30$mm		$d>30$mm	
		质量/g	计数	质量/g	计数	质量/g	计数	质量/g	计数
$H=150$	G_1	1.499	—	19.322	—	24.880	94	691.760	6
	G_2	0.944	—	19.111	—	24.820	66	695.801	10
$H=120$	G_4	0.585	—	13.484	—	20.280	49	540.547	5
	G_5	1.146	—	17.297	—	24.405	61	542.592	3
	G_6	0.363	—	13.358	—	23.859	31	548.456	4
$H=90$	G_7	1.033	—	24.374	—	24.717	68	393.444	2
	G_8	0.530	—	21.032	—	35.113	43	390.765	3
$H=60$	G_{10}	0.783	—	17.216	—	17.160	38	257.092	3
	G_{11}	0.502	—	14.688	—	22.188	17	261.194	3
	G_{12}	0.740	—	25.374	—	24.474	15	246.740	4

生的碎屑长度与厚度、长度与宽度和宽度与厚度的比值分布区间分别为 3.64～13.56、1.01～2.01 和 2.09～13.36，片状、薄片状碎屑数量占到了总数目的 25%，平均长厚比为 7.63。试件 G_6 岩爆后产生的碎屑长度与厚度、长度与宽度和宽度与厚度的比值分布区间分别为 4.05～10.68、1.00～1.93 和 2.10～8.03，片状、薄片状碎屑数量占到了总数目的 76.2%，平均长厚比为 7.26。

（3）当岩石高度为 90mm 时，试件 G_7 岩爆后产生的碎屑长度与厚度、长度与宽度和宽度与厚度的比值分布区间分别为 2.92～12.81、1.00～2.27 和 1.91～11.21，片状、薄片状碎屑数量占到了总数目的 58.3%，平均长厚比为 6.37。试件 G_8 岩爆后产生的碎屑长度与厚度、长度与宽度和宽度与厚度的比值分布区间分别为 2.45～9.51、

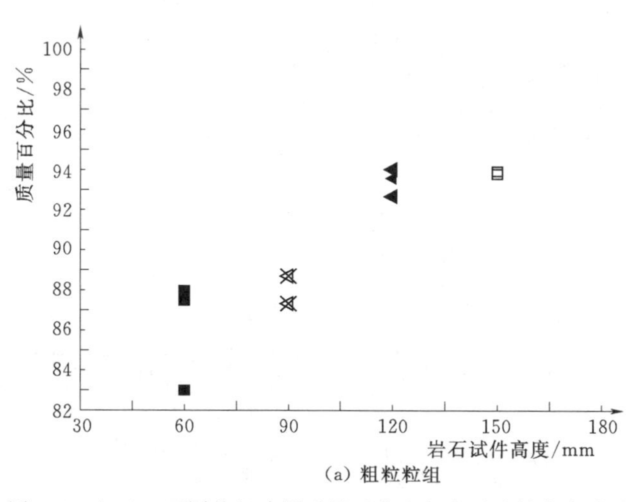

(a) 粗粒粒组

图 4.13（一） 不同粒组碎屑质量百分比与岩石试件高度关系

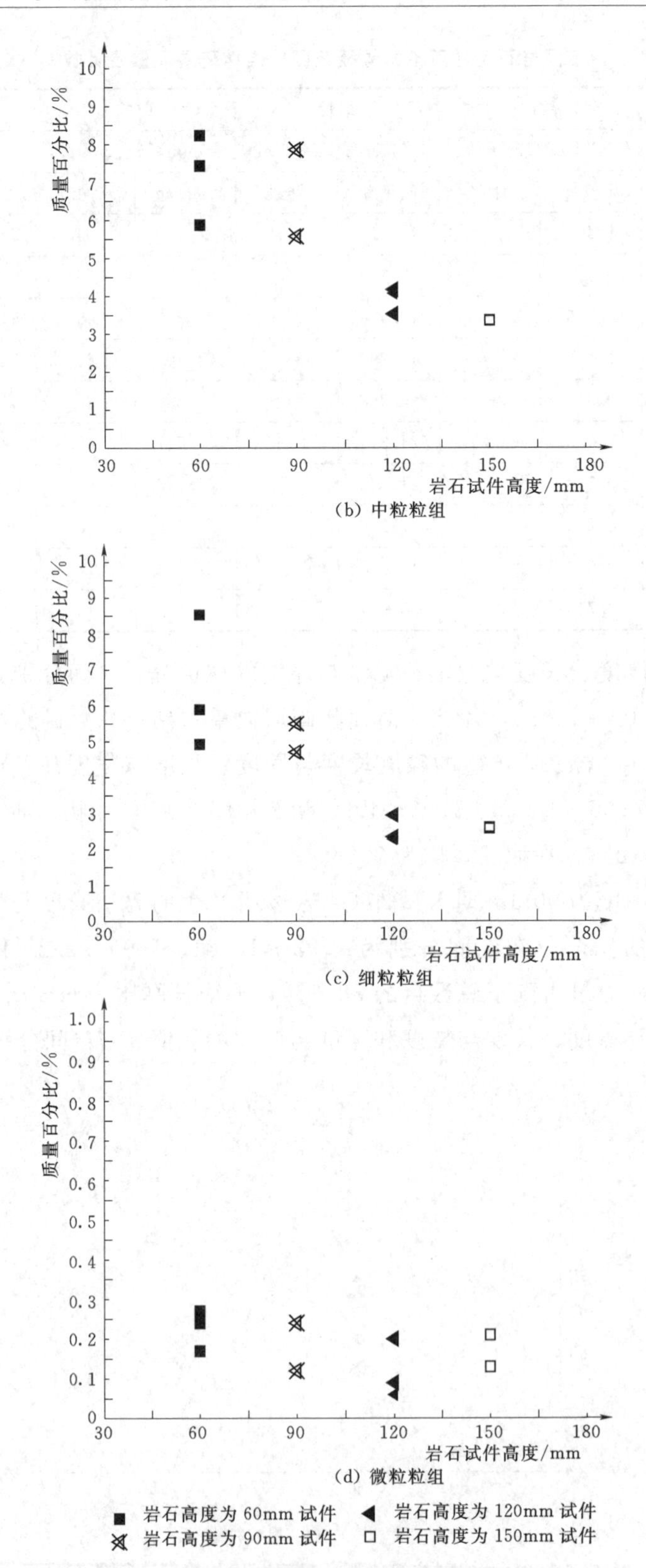

图4.13(二) 不同粒组碎屑质量百分比与岩石试件高度关系

1.02～3.17 和 1.49～8.68；片状、薄片状碎屑数量占到了总数目的 56%，平均长厚比为 6.23。

（4）当岩石高度为 60mm 时，试件 G_{10} 岩爆后产生的碎屑长度与厚度、长度与宽度和宽度与厚度的比值分布区间分别为 1.96～8.94、1.03～2.32 和 1.48～8.48，片状、薄片状碎屑数量占到了总数目的 28.6%，平均长厚比为 4.78。试件 G_{11} 岩爆后产生的碎屑长度与厚度、长度与宽度和宽度与厚度的比值分布区间分别为 2.10～8.64、1.00～3.56 和 1.19～7.60，片状、薄片状碎屑数量占到了总数目的 25%，平均长厚比为 4.98。试件 G_{12} 岩爆后产生的碎屑长度与厚度、长度与宽度和宽度与厚度的比值分布区间分别为 2.55～8.66、1.00～3.46 和 1.79～8.29，片状、薄片状碎屑数量占到了总数目的 45%，平均长厚比为 5.62。

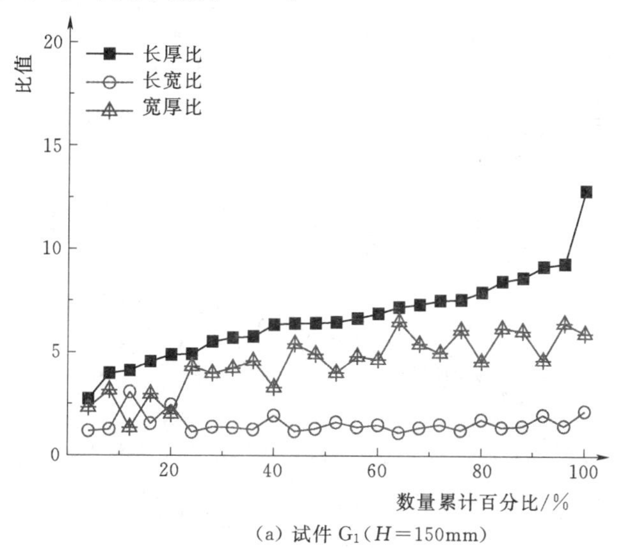

(a) 试件 G_1（H=150mm）

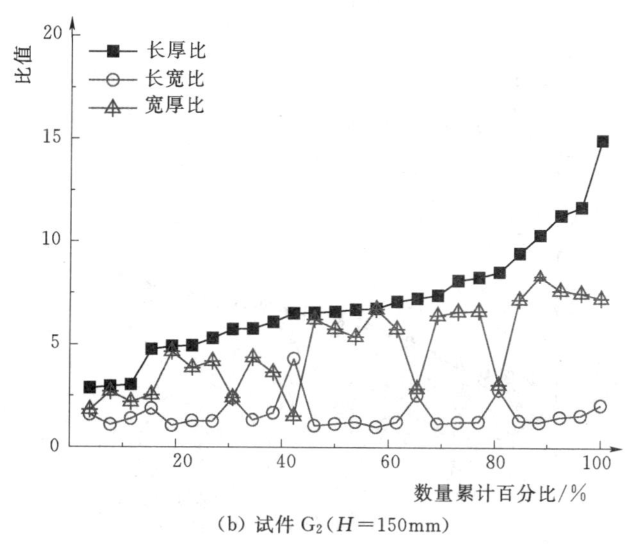

(b) 试件 G_2（H=150mm）

图 4.14（一） 不同岩石高度下碎屑尺度特征比值图

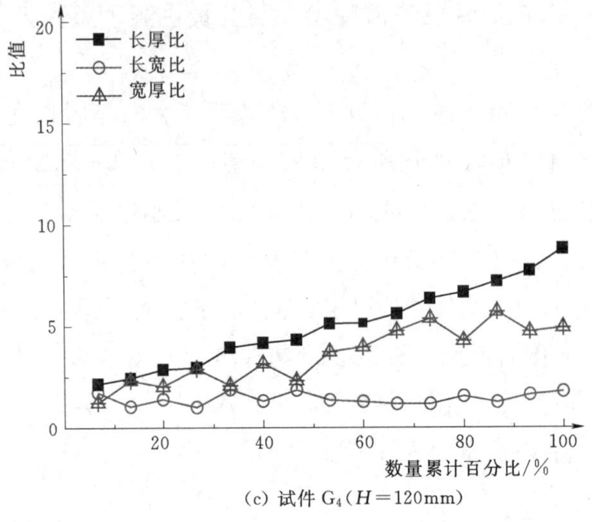

(c) 试件 G_4($H=120$mm)

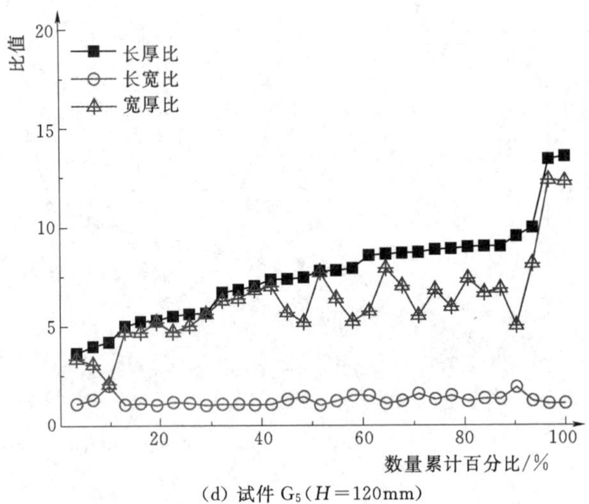

(d) 试件 G_5($H=120$mm)

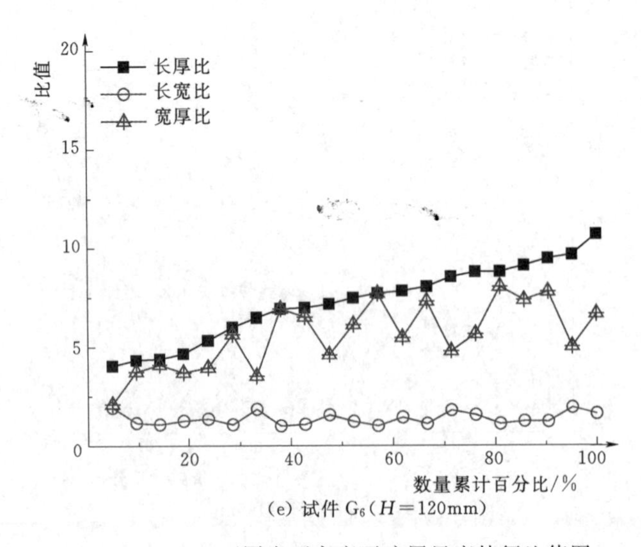

(e) 试件 G_6($H=120$mm)

图 4.14 (二)　不同岩石高度下碎屑尺度特征比值图

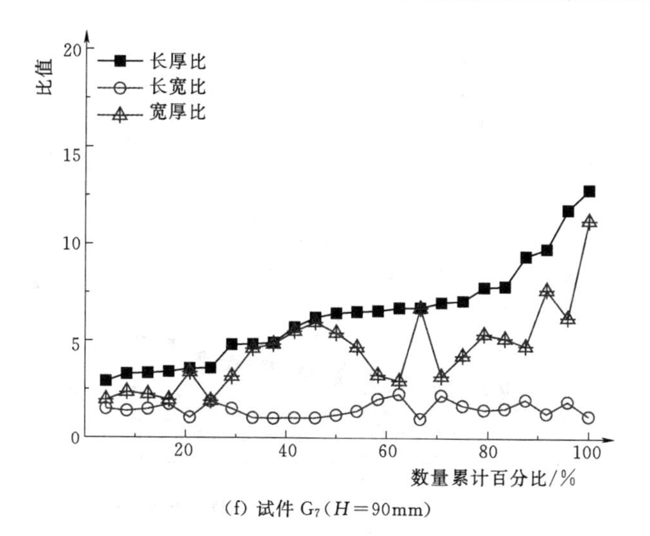

(f) 试件 G_7(H=90mm)

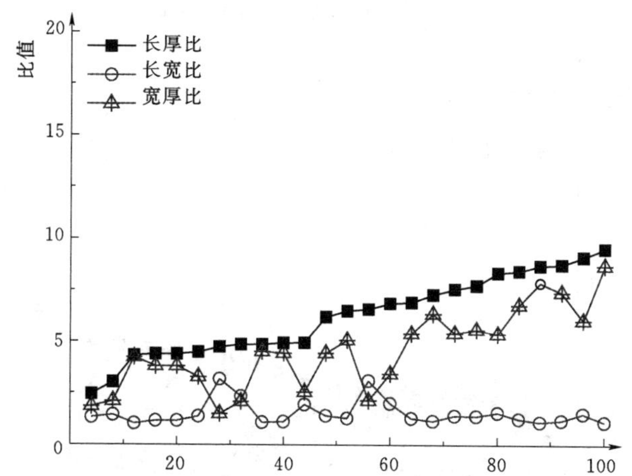

(g) 试件 G_8(H=90mm)

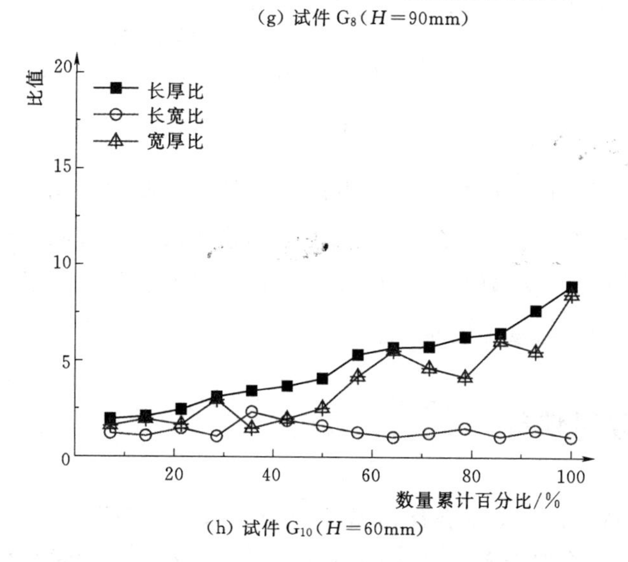

(h) 试件 G_{10}(H=60mm)

图 4.14(三) 不同岩石高度下碎屑尺度特征比值图

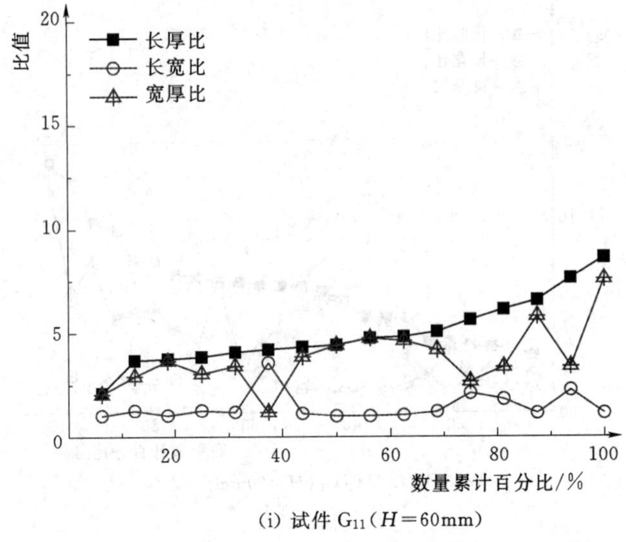

(i) 试件 G_{11}（H=60mm）

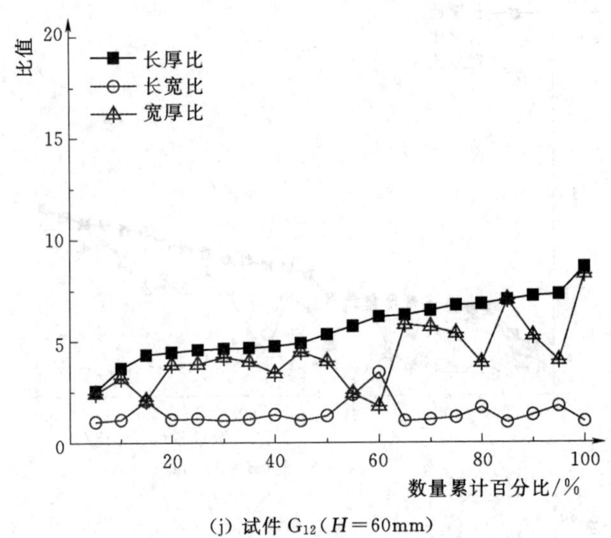

(j) 试件 G_{12}（H=60mm）

图 4.14（四）　不同岩石高度下碎屑尺度特征比值图

计算每种高度下几例花岗岩岩石岩爆产生的碎屑长厚比平均值，对应岩石高度从150mm降至60mm的情况，其长厚比平均值分别为6.88、6.44、6.3和5.13。可以看出，随着岩石试件高度的降低，碎屑长厚比有下降的趋势，即其片状特征减弱，块体形状特征增强，预示着动力特征加剧。

4.2.2　碎屑微观特征

图4.15为不同岩石高度下花岗岩试件应变岩爆破裂表面碎屑微观电镜扫描SEM图像，可以发现岩石岩爆发生后产生的裂纹既有沿晶裂纹又有穿晶裂纹。

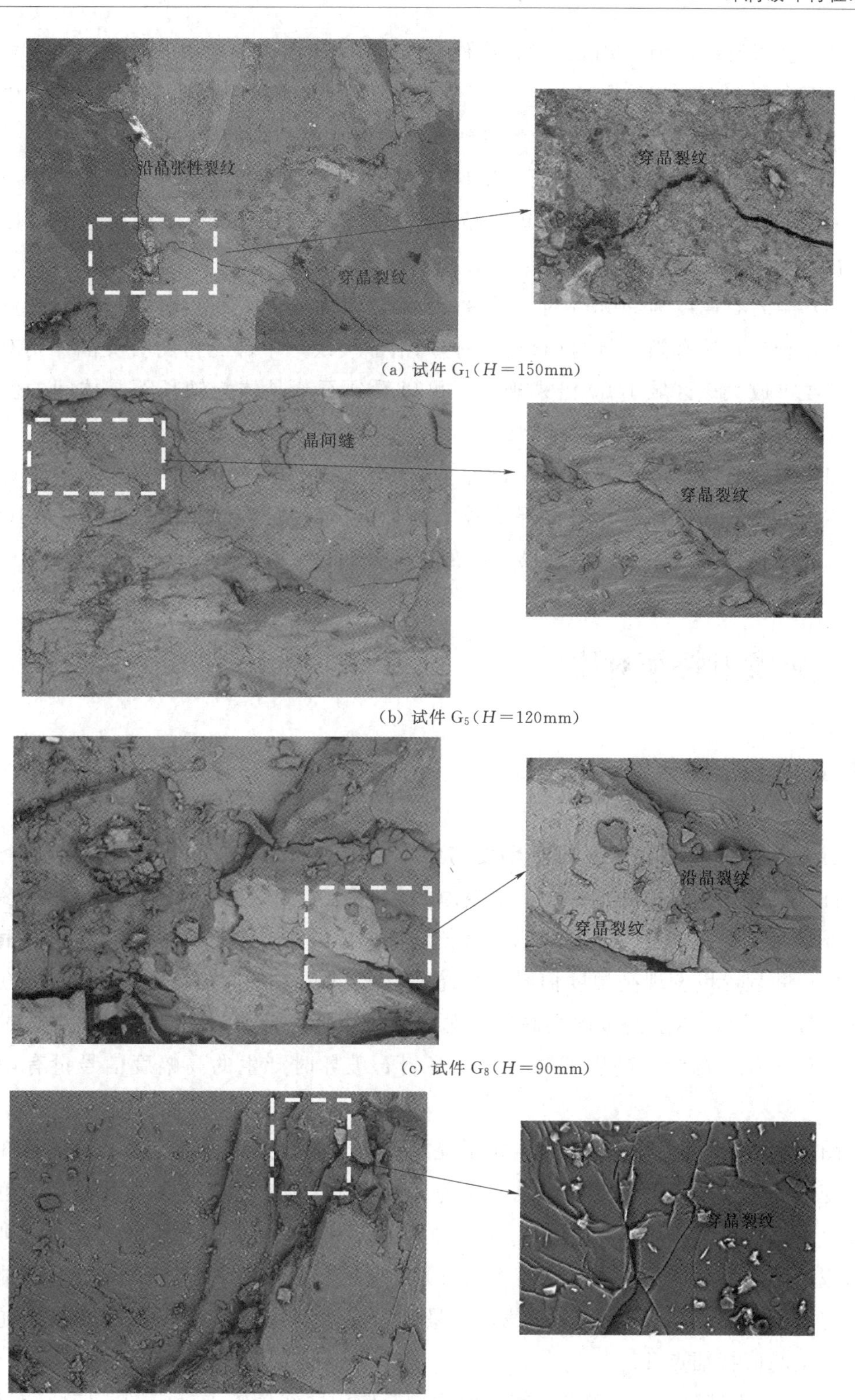

(a) 试件 G_1(H=150mm)

(b) 试件 G_5(H=120mm)

(c) 试件 G_8(H=90mm)

(d) 试件 G_{12}(H=60mm)

图 4.15 不同岩石高度下花岗岩试件应变岩爆破裂表面碎屑微观电镜扫描 SEM 图像

（1）当岩石高度为150mm时，试件G_1产生的碎屑表面放大100倍时，主要存在有钠长石和角闪石晶间沿晶裂纹，右下角钠长石内部出现斜向穿晶裂纹。放大中下角闪石晶体区域1000倍后，可以清楚看到该晶体内穿晶裂纹的走向。

（2）当岩石高度为120mm时，试件G_5产生的碎屑表面放大100倍时，岩石表面并不平整，存在钠长石与钠长石间的晶间缝。放大左上部区域1000倍后，可以看到钠长石晶体内部穿晶裂纹。

（3）当岩石高度为90mm时，试件G_8碎屑表面放大300倍时，分布有少量凹凸不平的黑云母，还有黑云母与钠长石晶体间沿晶裂纹，中部泛白的石英晶体内有细长斜向裂纹。放大该区域1000倍来观察，可以看到石英晶体与钠长石晶体间的斜向沿晶裂纹，且石英晶体内部有穿晶裂纹。

（4）当岩石高度为60mm时，试件G_{12}碎屑表面放大100倍时，碎屑微观表面石英晶体与钠长石晶体内部均有穿晶裂纹，两种晶体间也存在沿晶裂纹，放大1000倍后，可以看到钠长石内部穿晶裂纹的扩展走向及角度。

4.3　声发射特征对比

4.3.1　全时域参数分析

图4.16为声发射信号全时域幅度与频率三维分布点图，可以看出无论是何种高度岩石，实验开始阶段由于岩石内部空隙闭合，产生较多声发射事件，会有较多高幅度信号，而中间保持阶段幅度降低，信号量减少，最后岩石岩爆破坏时高幅度信号大量产生，并且可以发现高幅度信号主要集中在较低频率区间范围内，即0～200kHz，频率超过600kHz以上的频率很高信号对应幅度很低，即声发射能量很小。通过对比可以发现随着岩石试件高度的降低，最终岩石破坏时产生的高幅度信号量有增大的趋势。

图4.17为试件G_1应变岩爆声发射能量及应力曲线关键点确定图。由图可知，室内应变岩爆实验声发射累计释放总能量为3.45×10^{10}aJ，结合应力加载曲线，可以找到五个关键拐点T_1～T_5，其中：①岩石加载至初始围压状态，能量激增后特征点T_1；②卸载后轴向加载能量略微增大特征点T_2；③轴向以0.1MPa/s速率匀速加载能量继续稳定增长特征点T_3；④继续加载，能量开始突增至特征点T_4；⑤岩爆发生能量快速陡增至峰值特征点T_5。

图4.18为试件G_5应变岩爆声发射能量及应力曲线关键点确定图，实验全过程声发射幅值图以及关键点处对应应力水平。由图可知，室内应变岩爆实验声发射累计释

放总能量为 6.30×10^{10} aJ，结合应力加载曲线，可以找到五个关键拐点 $T_1\sim T_5$，其中：①岩石加载至初始围压状态，能量激增后特征点 T_1；②卸载后轴向加载能量略微增大特征点 T_2；③轴向以 0.1MPa/s 速率匀速加载能量继续稳定增长特征点 T_3；④继续加载，能量开始突增至特征点 T_4；⑤岩爆发生能量快速陡增至峰值特征点 T_5。

图 4.19 为试件 G_7 应变岩爆声发射能量及应力曲线关键点确定图。由图可知，室

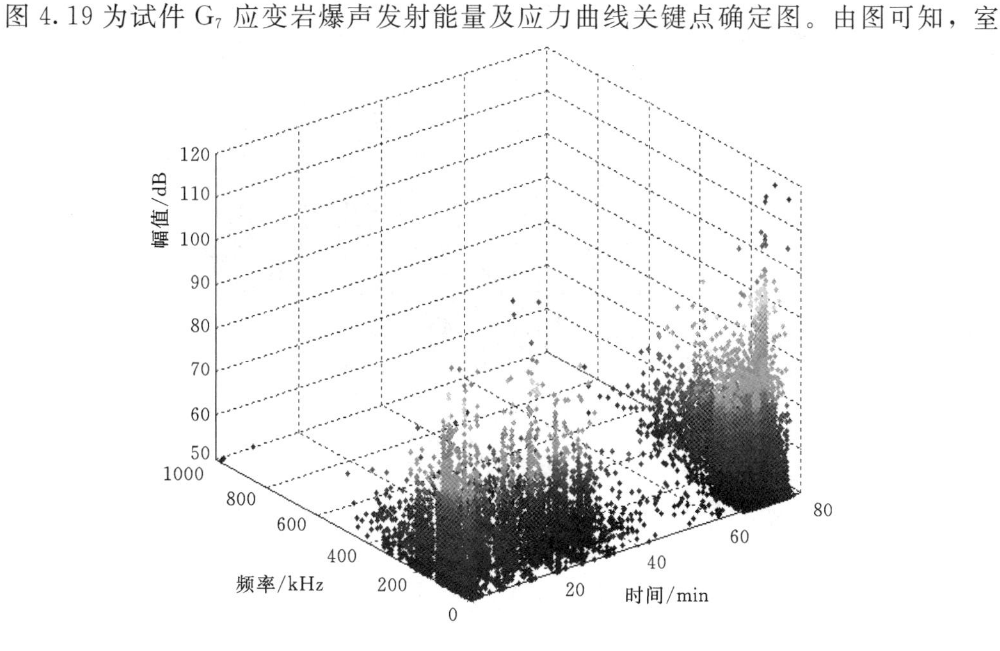

(a) 试件 G_1(H=150mm)

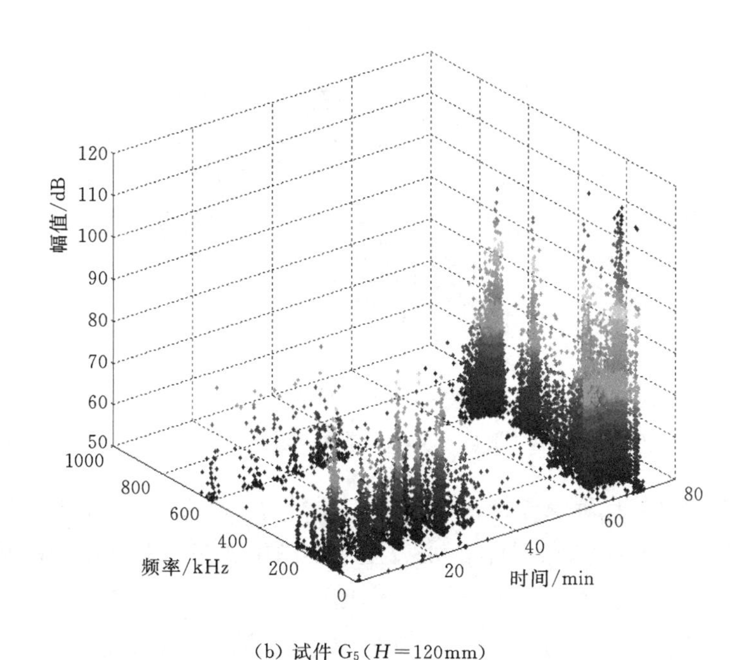

(b) 试件 G_5(H=120mm)

图 4.16（一） 声发射信号全时域幅度与频率三维分布点图

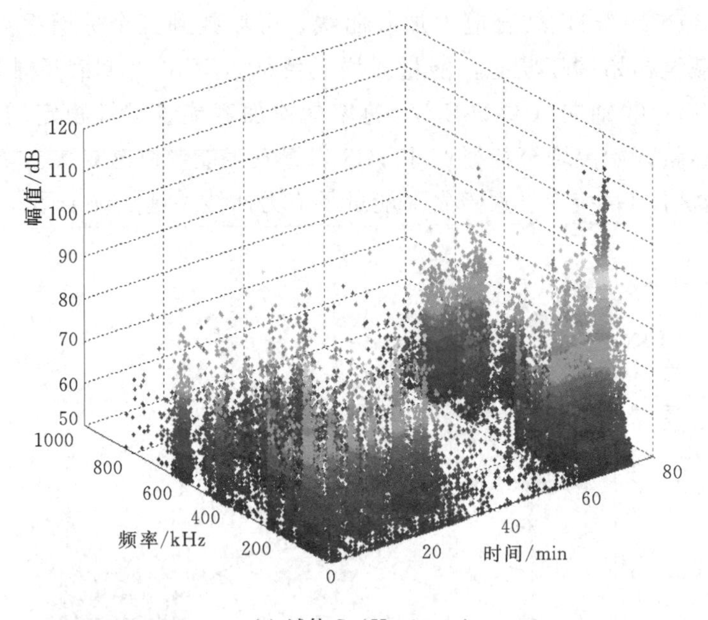

(c) 试件 G_7(H=90mm)

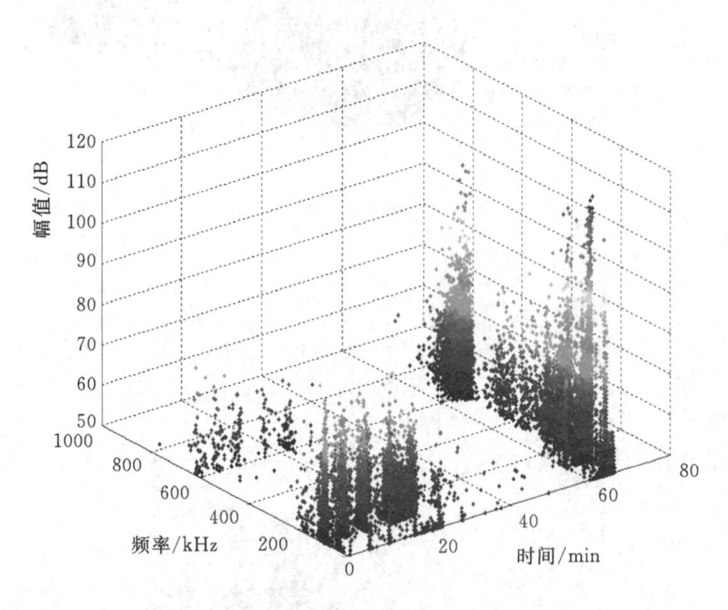

(d) 试件 G_{12}(H=60mm)

图4.16（二）　声发射信号全时域幅度与频率三维分布点图

内应变岩爆实验声发射累计释放总能量为 6.50×10^{10} aJ，结合应力加载曲线，可以找到五个关键拐点 T_1～T_5，其中：①岩石加载至初始围压状态，能量激增后特征点 T_1；②卸载后轴向加载能量略微增大特征点 T_2；③轴向以0.1MPa/s速率匀速加载能量继续稳定增长特征点 T_3；④继续加载，能量开始突增至特征点 T_4；⑤岩爆发生能量快速陡增至峰值特征点 T_5。

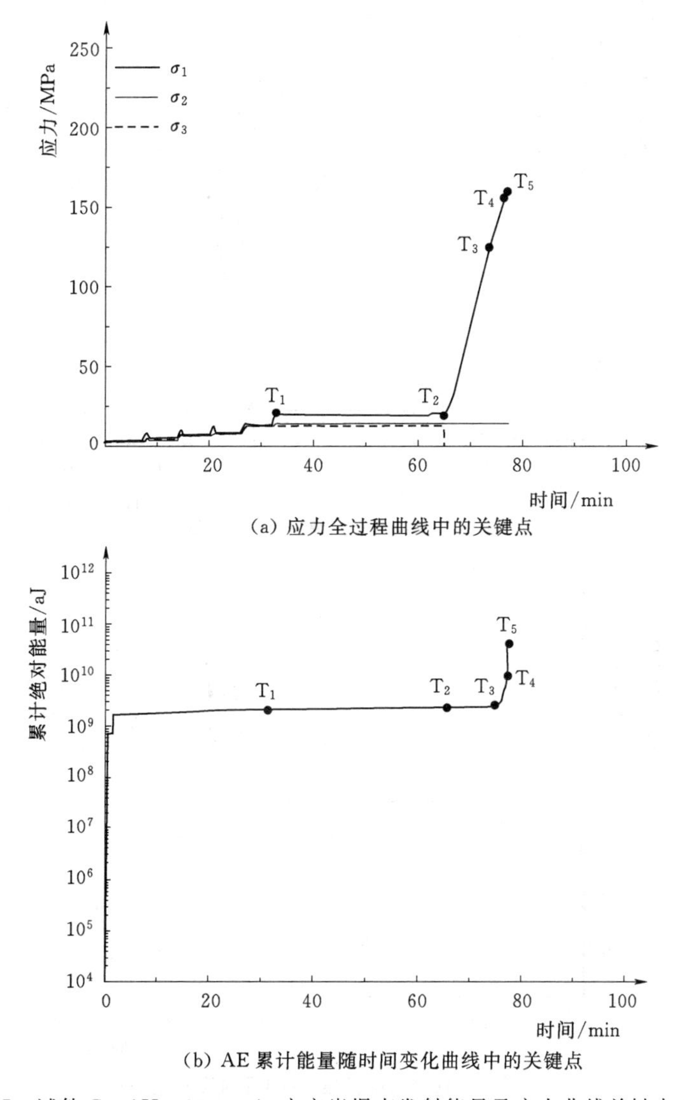

(a) 应力全过程曲线中的关键点

(b) AE 累计能量随时间变化曲线中的关键点

图 4.17 试件 G_1（H=150mm）应变岩爆声发射能量及应力曲线关键点确定图

图 4.20 为试件 G_{12} 应变岩爆声发射能量及应力曲线关键点确定图。由图可知，室内应变岩爆实验声发射累计释放总能量为 6.44×10^{10}aJ，结合应力加载曲线，可以找到五个关键拐点 T_1～T_5，其中：①岩石加载至初始围压状态，能量激增后特征点 T_1；②卸载后轴向加载能量略微增大特征点 T_2；③轴向以 0.1MPa/s 速率匀速加载能量继续稳定增长特征点 T_3；④继续加载，能量开始突增至特征点 T_4；⑤岩爆发生能量快速陡增至峰值特征点 T_5。

表 4.2 为不同岩石高度室内应变岩爆实验关键点处对应应力及 AE 能量水平，可以发现在 T_1 和 T_2 两个关键点处，四例实验的对应应力水平较为接近，而 AE 能量水平有较大差别，高度为 120mm 和 60mm 试件的两个关键点阶段释放能量较少。T_3、

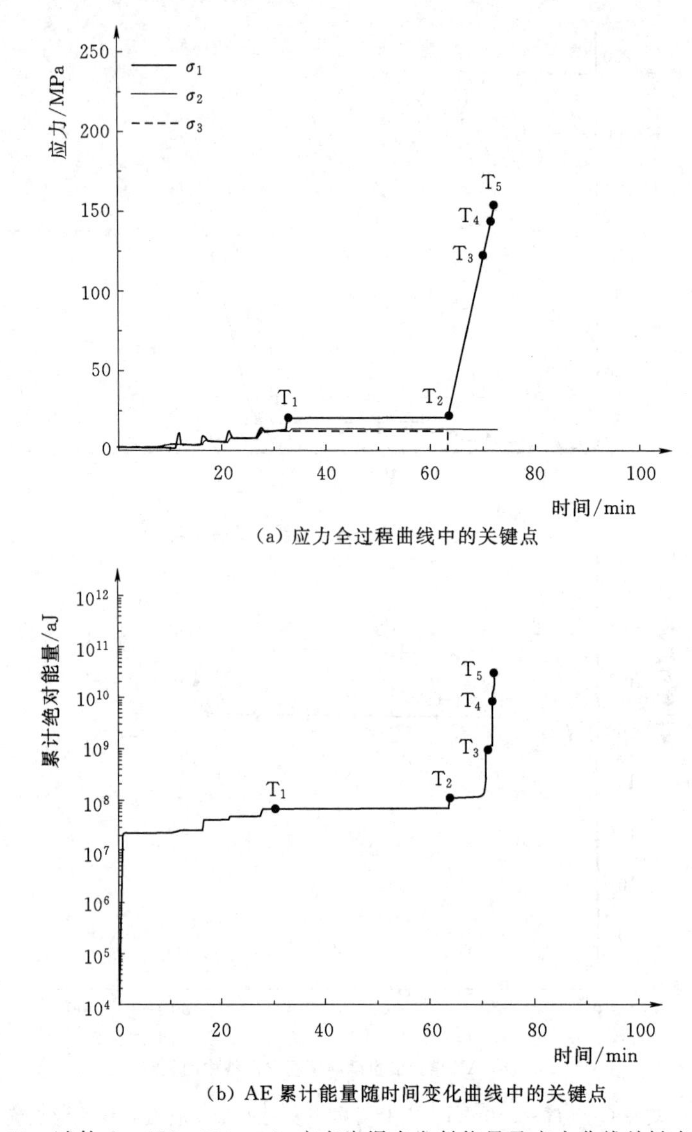

(a) 应力全过程曲线中的关键点

(b) AE 累计能量随时间变化曲线中的关键点

图 4.18　试件 G_5（H=120mm）应变岩爆声发射能量及应力曲线关键点确定图

T_4及最终的岩爆时刻 T_5关键点处，随着岩石试件高度的降低，对应应力水平有增大的趋势，但 AE 能量释放值没有统一变化规律，整体呈上升趋势。对比 T_5和 T_6关键点，可以发现 60%以上的能量在最后的岩爆时刻得以释放。该类花岗岩岩石在不同高度情况下临界破坏应力与单轴抗压强度的比值区间为 0.93～1.15。根据第 3 章的内容可知，随着岩石试件高度的降低，花岗岩发生岩爆破坏强度增大，破坏剧烈程度随之加剧。相对应的，声发射累计释放总能量也随着试件高度的降低而有升高的趋势。由关键点处能量值可以看出，岩爆发生时刻往往具有突发特征，约有 60%～80%以上的能量在最后的岩爆时刻得以释放，因此仅仅依靠能量释放还无法准确预测预报岩爆现象，无法对破裂源进行更深层次的认识，需要采用声发射参数分析办法，同时对数据

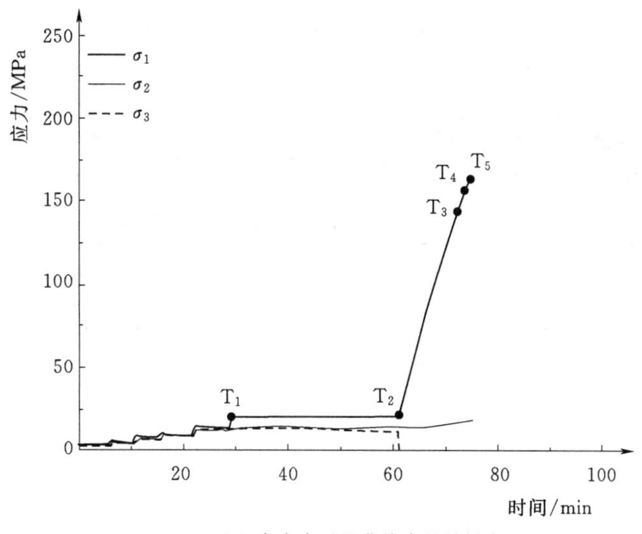

(a) 应力全过程曲线中的关键点

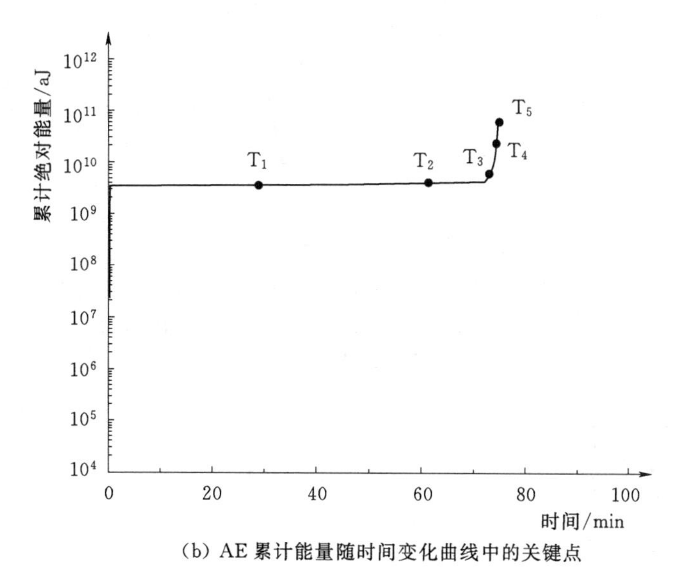

(b) AE 累计能量随时间变化曲线中的关键点

图 4.19 试件 G_7（H=90mm）应变岩爆声发射能量及应力曲线关键点确定图

进行波形时频分析，更全面地认识岩石岩爆损伤演化过程。

表 4.2 **不同岩石尺寸下关键点处对应应力及 AE 能量水平**

关键点	H											
	150mm			120mm			90mm			60mm		
	应力水平		AE 能量水平/aJ	应力水平		AE 能量水平/aJ	应力水平		AE 能量水平/aJ	应力水平		AE 能量/aJ
	σ_1/MPa	σ_1/σ_c		σ_1/MPa	σ_1/σ_c		σ_1/MPa	σ_1/σ_c		σ_1/MPa	σ_1/σ_c	
T_1	19.5	0.12	1.96×10^9	20.3	0.12	6.72×10^7	19.3	0.12	3.64×10^9	19.8	0.12	4.34×10^7
T_2	19.4	0.12	1.97×10^9	21.8	0.13	1.03×10^8	21.0	0.13	3.92×10^9	19.8	0.12	2.16×10^8

续表

关键点	H											
	150mm			120mm			90mm			60mm		
	应力水平		AE能量水平/aJ	应力水平		AE能量水平/aJ	应力水平		AE能量水平/aJ	应力水平		AE能量/aJ
	σ_1/MPa	σ_1/σ_c		σ_1/MPa	σ_1/σ_c		σ_1/MPa	σ_1/σ_c		σ_1/MPa	σ_1/σ_c	
T_3	124.2	0.76	2.21×10^9	121.8	0.75	1.09×10^9	144.9	0.89	6.11×10^9	159.7	0.98	5.16×10^8
T_4	157.0	0.96	8.69×10^9	143.7	0.88	1.26×10^{10}	158.5	0.97	2.41×10^{10}	180.6	1.11	1.00×10^{10}
T_5	159.2	0.98	3.45×10^{10}	151.0	0.93	6.30×10^{10}	163.9	1.00	6.50×10^{10}	186.8	1.15	6.44×10^{10}

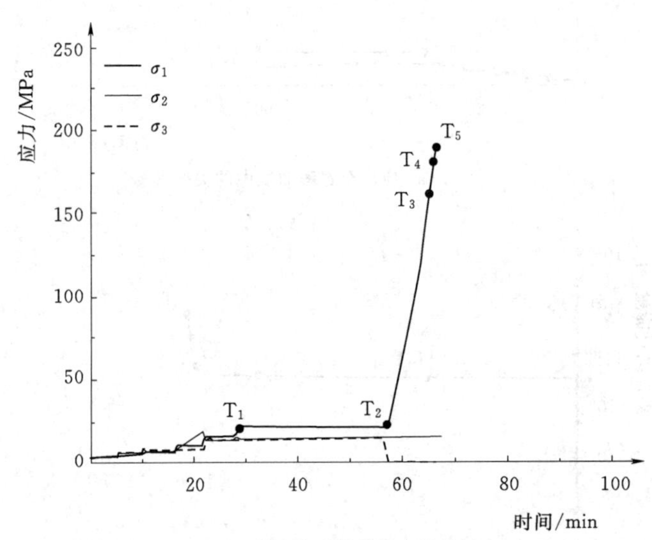

(a) 应力全过程曲线中的关键点

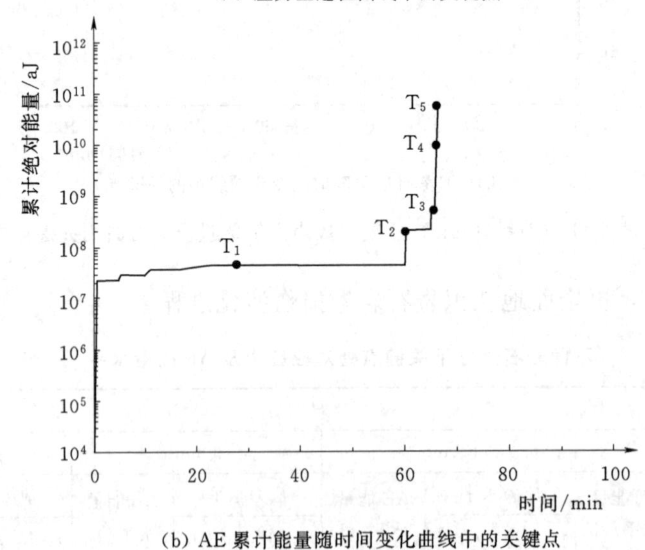

(b) AE累计能量随时间变化曲线中的关键点

图 4.20　试件 G_{12}（H=60mm）应变岩爆声发射能量及应力曲线关键点确定图

4.3.2 波形时频分析

对关键点处的波形信号进行快速傅里叶变换，得到其频谱特征，选取上述不同岩石尺寸岩爆声发射数据进行分析。每个波形文件采集 2ms，由 4096 个电压值组成。以高度为 150mm 的标准花岗岩的岩爆声发射数据为例来进行说明，图 4.21 为试件

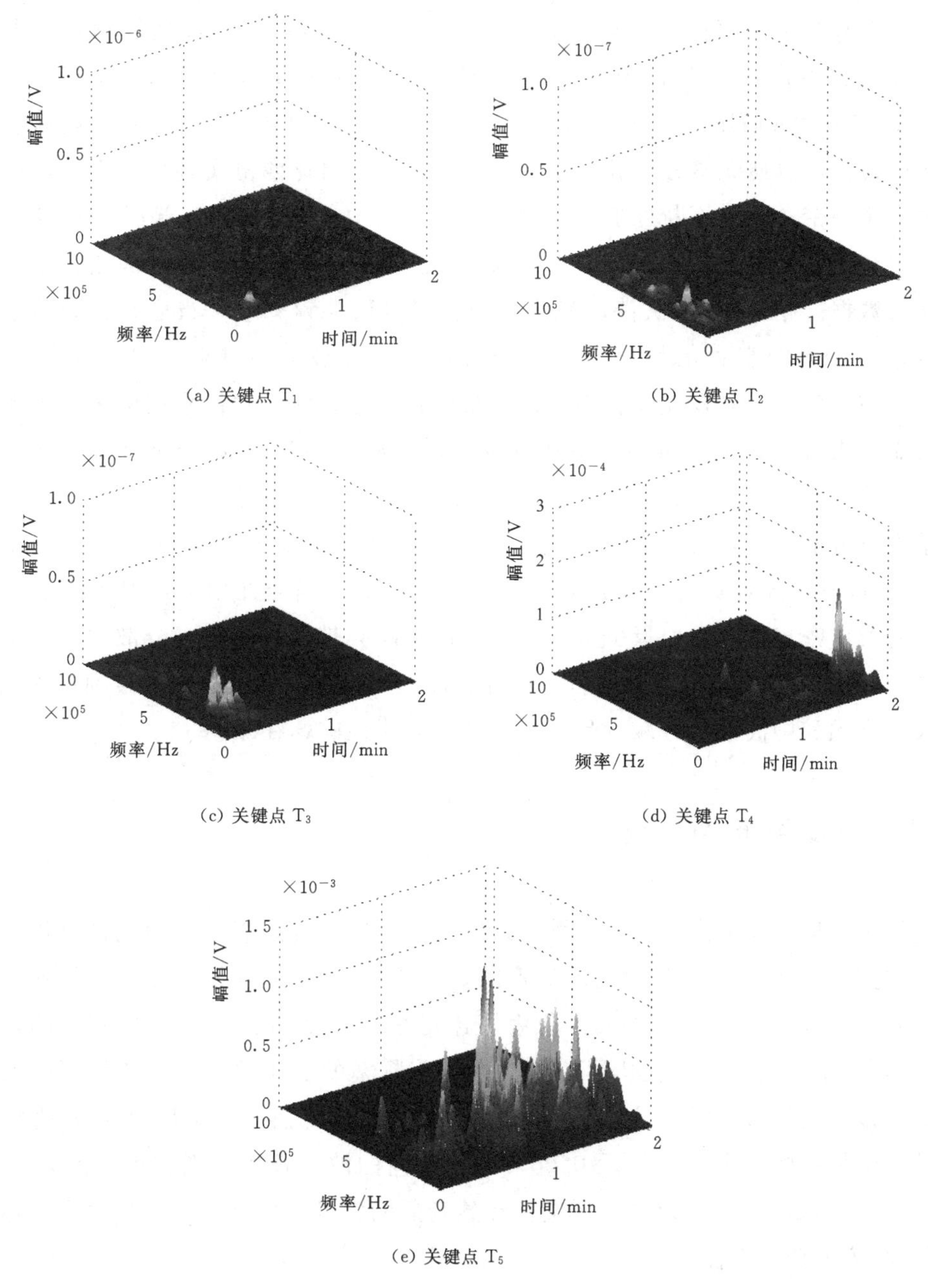

(a) 关键点 T_1

(b) 关键点 T_2

(c) 关键点 T_3

(d) 关键点 T_4

(e) 关键点 T_5

图 4.21 试件 G_1（H=150mm）声发射关键点三维时频图

G_1 声发射关键点三维时频图，可以看出时频特征随着实验加卸载进行有明显变化，信号由低幅度向高幅度变化，且波形由持续时间短的单波向持续时间布满 2ms 的多波转化，预示着能量不断加大。

提取全实验每个波形经处理后的峰值频率，即幅度较大尖点处的频率值，定义为主频值，绘制岩石在整个实验过程主频值分布散点图，如图 4.22 所示，横轴为波形序列，纵轴为每个波形对应的峰值频率，即主频值。注意一个波形可能会有多个幅度尖点，也即有多个主频值。将频率分布区间分为 5 个频率带，包括低频带、中低频带、中频带、中高频带和高频带，分别对应的频率区间范围为 0～50kHz、50～150kHz、150～250kHz、250～350kHz、350～500kHz。将各分布带上的数据点用不同的颜色覆盖，以便观察各试验下主频带分布特征。对比四例实验可以看出，该花岗岩有多个主频带，且在不断的加卸载过程中，试件高度最大的 G_1 频带分布变化不太明显，主频带主要集中在 480kHz、320 kHz 及 200kHz，中低频带数据点分散且低频带内没有数据。相较于 G_1 试件，其他三例花岗岩试件频率带分布形态较为接近，高频信号量减少，中高频信号分散且十分稀少，张性破坏在减弱。对于试件高度为 120mm 的 G_5 频带可以发现随着实验进行整体在上移，即高频信号在增多而中频带数据密集靠上很分散，主频带主要集中在 470kHz 及 100kHz；对于试件高度为 90mm 的 G_7 频带可以发现随着实验进行数据量变得密集且高频信号在增多，同样中高频带数据量少且分散，主频带主要集中在 450kHz 及 100kHz；对于试件高度为 60mm 的 G_{12} 频带可以发现随着实验进行数据量变得密集且高频信号在增多，但较之前三种岩石，没有形成密集带，数据量少且发散。同样中高频带数据量少且分散，主频带主要集中在 200kHz 及 100kHz。随着岩石试件高度的降低，声发射波形信号频带演化变化范围大，高频和中高频信号减少且越来越发散，张性破坏在减弱。

4.3.3　声发射 *b* 值演化

进行声发射 G－R 公式 *b* 值计算，以标准花岗岩应变岩爆实验为例进行说明，提取 T_1 关键点处波形数据，绘制时域波形图，如图 4.23（a）所示，该波形为典型的单波型信号，持续时间约为 0.4ms，利用快速傅里叶变换后得到二维功率谱图，如图 4.23（b）所示，实质上是反映了信号功率随着频率的变化情况，即各种频率的能量分布。可以看出该波形信号主要的能量频率在 105kHz 左右。图 4.23（c）为该波形在时域、频域的幅度分布，显示 0.25～0.4ms 内的波形频率范围较大，区间为 80～150kHz。图 4.23（d）为提取波形文件经处理后的二维功率谱图中主频对应幅值进行的幅值-频度 *b* 值拟合图。

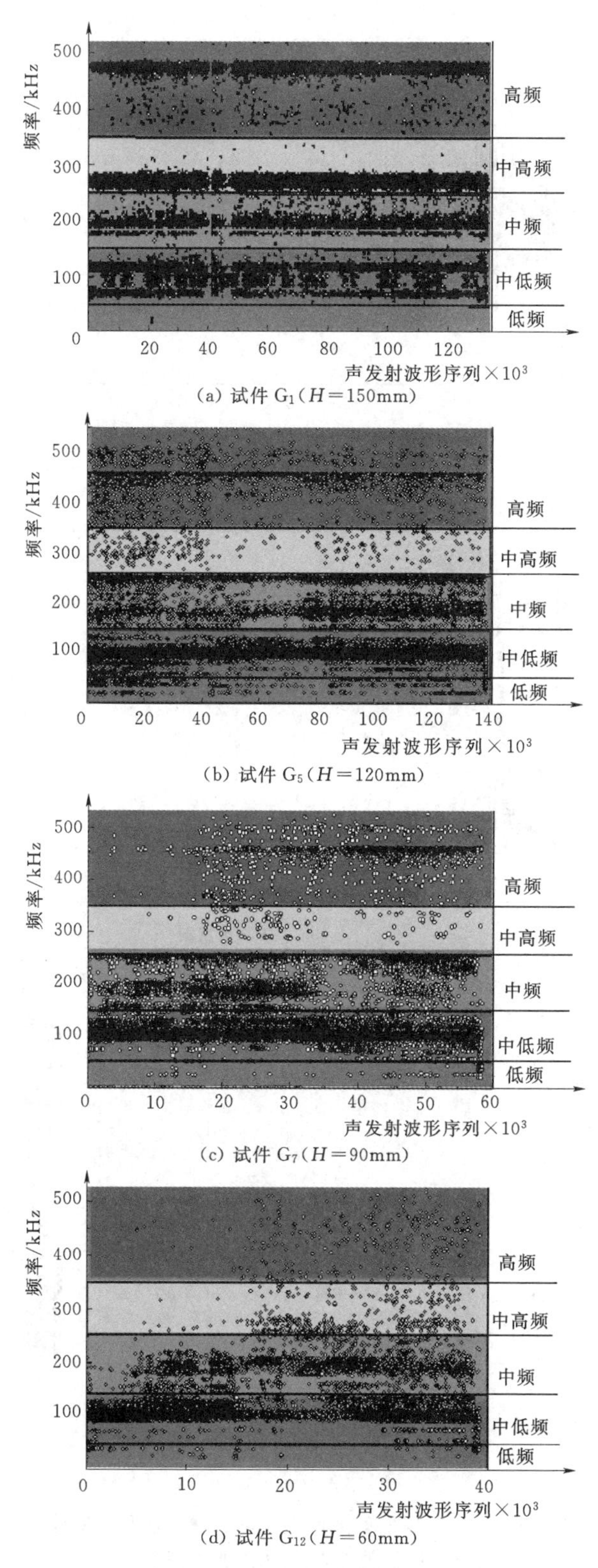

(a) 试件 G_1(H=150mm)

(b) 试件 G_5(H=120mm)

(c) 试件 G_7(H=90mm)

(d) 试件 G_{12}(H=60mm)

图 4.22 不同试件高度下岩爆声发射主频分布图

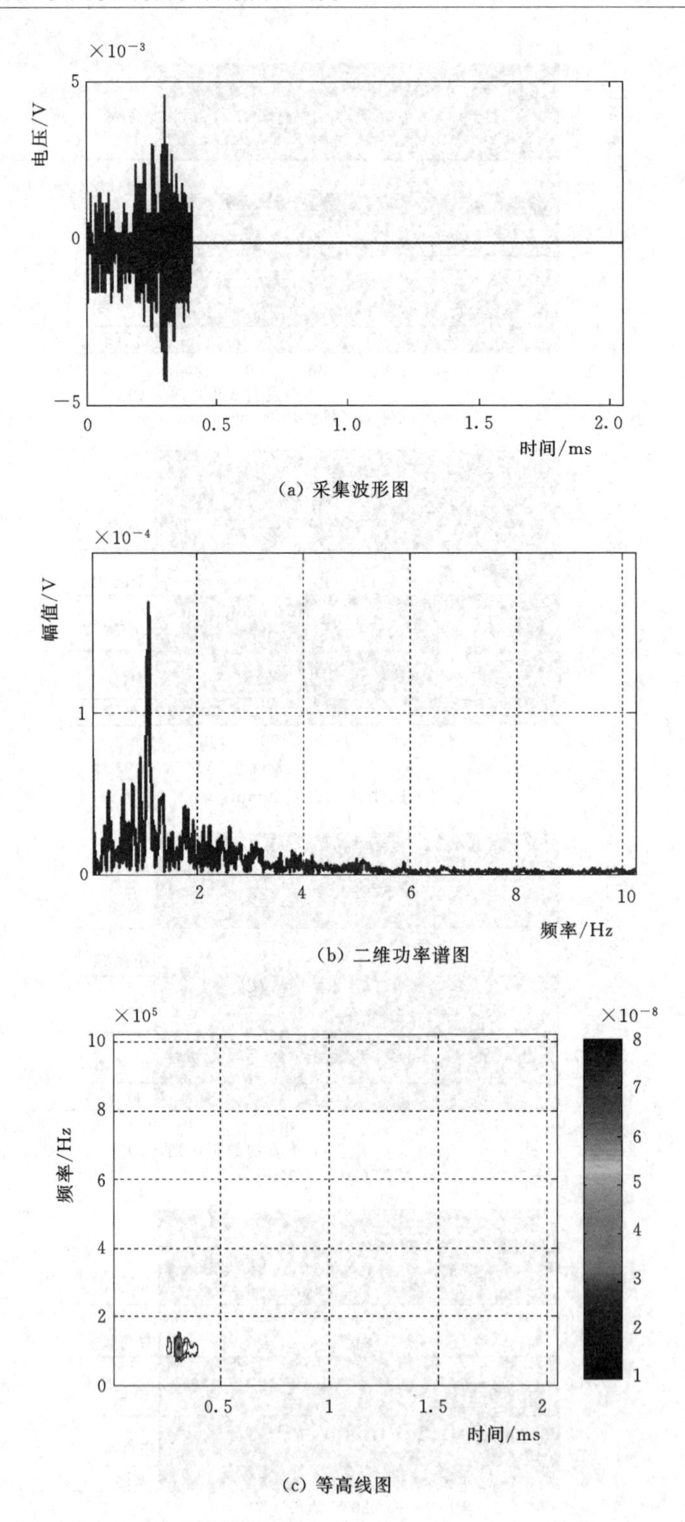

(a) 采集波形图

(b) 二维功率谱图

(c) 等高线图

图 4.23（一） 声发射关键点波形文件处理及 b 值计算

（以 G_1 试件关键点 T_1 处波形文件为例）

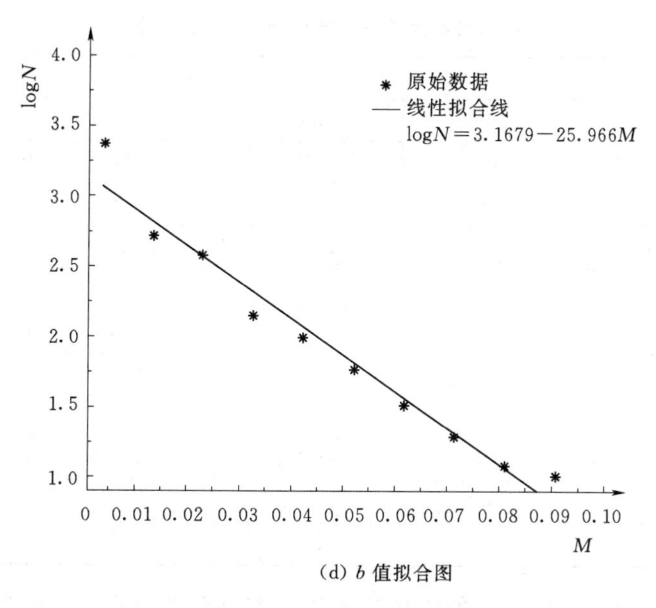

(d) b 值拟合图

图 4.23（二） 声发射关键点波形文件处理及 b 值计算
（以 G_1 试件关键点 T_1 处波形文件为例）

遵循该方法，将本实验的五个关键点处波形进行处理，每一个关键点处会对应有一个 a 值和 b 值，图 4.24 为标准花岗岩试件（$H=150$mm）应变岩爆实验五个关键点处计算求得的 G－R 公式中 a、b 值玫瑰分布图。可以看出，a 值除了在 T_2 关键点降低至 2 以下，其他关键点处都集中在 3 附近。而 b 值则有开始增大，T_4 关键点处开始减少，尤其是岩爆时刻大幅度降低。将不同岩石尺寸下的四例应变岩爆实验各关键点处的 a、b 值进行统计，见表 4.3。

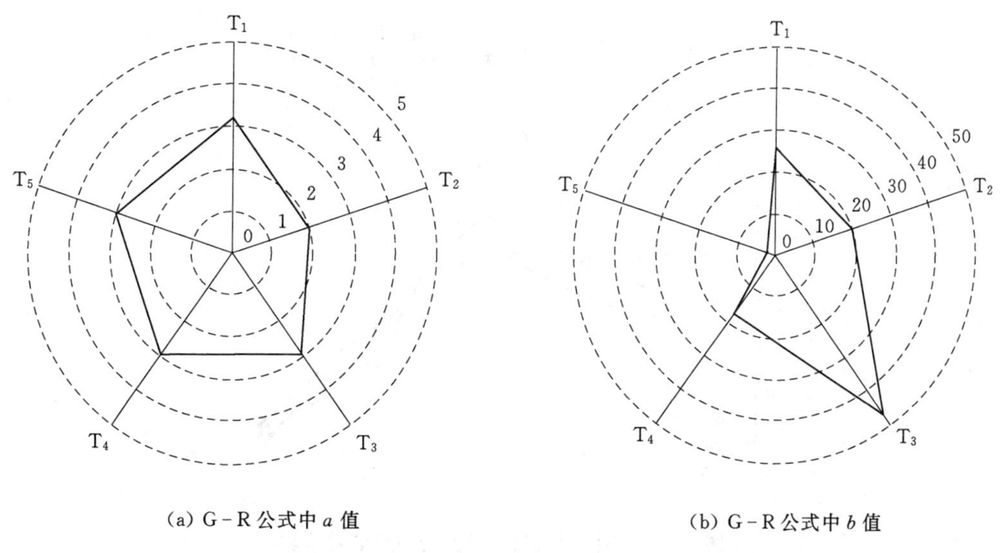

(a) G－R 公式中 a 值　　(b) G－R 公式中 b 值

图 4.24 G1 实验声发射关键点 G－R 公式中 a、b 值玫瑰分布图

表 4.3　　不同岩石尺寸下关键点处对应 a、b 值

关键点	参数	H			
		150	120	90	60
T_1	a	3.168	2.763	2.881	2.913
	b	25.966	19.586	19.263	17.147
T_2	a	1.976	2.154	2.248	2.099
	b	24.468	23.780	23.96	20.095
T_3	a	2.922	2.477	2.310	2.400
	b	47.192	35.234	29.878	26.184
T_4	a	2.940	2.528	2.735	2.637
	b	17.916	12.832	17.500	16.940
T_5	a	3.056	2.123	2.094	1.927
	b	6.334	4.735	4.098	3.774

图 4.25 为不同岩石尺寸下的室内应变岩爆实验各关键点 G－R 关系式中 b 值变化曲线，可以发现虽然 b 值大小有着明显差异，但演化过程有着相似的变化趋势，加卸载初期，即 T_1～T_2阶段，声发射 b 值较为接近，说明微裂纹缓慢发育，不同尺度的微裂纹状态较为恒定，且声发射事件幅值变化不是很大。随着载荷的增加，进入 T_3关键点，声发射 b 值快速上升，说明小尺度的微裂纹大量发育，不同大小的声发射事件比例开始加大，T_4关键点，具有大幅值的声发射事件不断产生，岩石内部裂纹呈现极其不稳定的微裂纹快速发育，宏观裂纹不断形成的状态。岩爆阶段，即 T_5时刻，声发射 b 值降到最低值，大量的高幅值声发射事件快速产生，岩石进入失稳破坏阶段。对比可以发现，事件越低，岩爆时刻 b 值越小，其宏观破坏越多，震级能量越大。

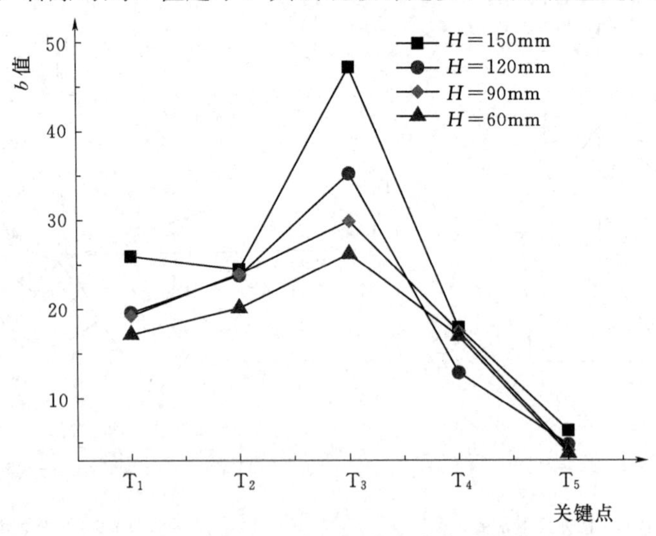

图 4.25　不同岩石尺寸下室内应变岩爆实验关键点 G－R 公式中 b 值变化曲线

4.4 本章小结

本章主要介绍了岩石尺寸这一影响应变岩爆实验结果的重要因素及其系列实验，通过改变岩石试件高度来研究尺寸效应影响，发现岩石试件高度影响其岩爆模拟实验中最终破坏强度。由于岩石非均质性，同种尺寸的岩石，破坏强度也存在差异。但整体来说，随着试件高度的降低，岩石峰值强度有增大的趋势。岩石试件高度影响其岩爆模拟实验中最终破坏模式。随着试件高度的降低，破坏模式经历了由以劈裂张拉为主向剪切为主的转变，试件高度最大时，主裂纹近乎与轴向平行，随着试件高度的降低，主裂纹与轴向夹角逐渐增大，最终被斜向约 45°裂纹断裂成两半。依据碎屑粒径范围分类可以看出，不同岩石尺寸室内应变岩爆实验产生的岩石碎屑在粗粒粒组中所占比重很大，最低有 83％，最高可达 97％，且随着岩石试件高度的增大，粗粒碎屑质量百分比也越大。对于中粒及细粒粒组，有着相一致的规律，即随着岩石试件高度的增大，相应质量百分比呈明显下降趋势。不同岩石尺寸岩石室内应变岩爆实验产生的岩石碎屑在中粒粒组所占比重最低有 3.4％，最高为 8.3％，在细粒粒组所占比重最低有 2.3％，最高为 8.5％。而在微粒粒组所占比重最低有 0.06％，最高为 0.27％，其分布趋势随岩石高度变化较小。岩石试件高度低时，弹射出的碎屑较多，动力破坏现象更加明显，与岩爆破坏特征相一致。计算每种尺寸下几例花岗岩岩石岩爆产生的碎屑长厚比平均值，对应岩石高度为 150mm 降至 60mm 的情况，其长厚比平均值分别为 6.88、6.44、6.3 和 5.13。可以看出，随着岩石试件高度的降低，碎屑长厚比有下降的趋势，即其片状特征减弱，块体形状特征增强，预示着动力特征加剧。不同岩石尺寸下应变岩爆实验产生的碎屑微观电镜扫描 SEM 图像结果，可以发现岩石岩爆发生后产生的裂纹既有沿晶裂纹又有穿晶裂纹。

采集系列实验过程的声发射数据，首先进行参数分析，绘制全时域幅度-频率-时间三维图，可以看出高幅度信号主要集中在较低频率区间范围内，且随着岩石试件高度的降低，最终岩石破坏时产生的高幅度信号量有增大的趋势。绘制时间-累计声发射能量图，可以确定实验演化过程的关键点，找到对应应力水平和能量水平，结果发现发现 60％～80％以的能量在最后的岩爆时刻得以释放。该类花岗岩岩石在不同高度情况下临界破坏应力与单轴抗压强度的比值区间为 0.93～1.15。对声发射波形文件进行短时傅里叶变换，获得关键点处 3D 频谱图，发现随着实验进行波形由低幅值向高幅值变化，且波形由持续时间短的单波向持续时间布满 2ms 的多波转化。提取幅度最大处对应频率，定义为主频，提取每个波形的主频值，结果发现对应高度为 150mm、120mm、90mm、60mm 的岩石试件，岩爆主频带分布情况差异很大，随着岩石试件高度的降低，声发射波形信号频带演化变化范围大，高频和中高频信号减少且越来越发散，张性破坏特性在减弱。最后，引入地震研究领域中反映震级与频度之间 G-R 关系式，计算声发射实验中波形数和波形幅值之间的关系，发现加卸载初期，声发射 b 值较大，岩石内部微裂纹不断的发育，低幅值波形不断产生，比例不断增加，b 值缓慢增加。随着载荷的进一步加大，声发射 b 值快速下降，岩石内部微裂纹贯穿，形成宏观裂隙，具有大幅值的波形不断产生。岩爆阶段，声发射 b 值降到最低值，大量的高幅值声发射事件快速产生，岩石进入失稳破坏阶段。对比发现，岩石试件越低，岩爆时刻 b 值越小，说明其宏观破坏越多，震级能量越大。

第5章

不同岩石组合下的室内应变岩爆实验研究

本章主要介绍不同岩石组合下的室内岩爆模拟实验，对比分析了完整岩石和组合岩石分别对岩爆特征产生的影响。依据现场隧道岩层结构，相对应设计完整的标准花岗岩试件GR、完整标准片麻岩试件GN和花岗岩-片麻岩组合试件GRN三类岩爆。采集实验过程实时应力水平和声发射信号，同时利用高速摄影捕捉岩石卸载面破裂特征。从岩石最终发生岩爆时临界应力，破坏特征，碎屑体积形状特征、微观特征以及声发射特征来分析岩石组合形式对岩爆产生的影响。

5.1 岩爆破坏特征对比

5.1.1 临界应力

根据现场提供的地应力测试结果，确定初始围压为 $\sigma_1=40$MPa、$\sigma_2=10$MPa、$\sigma_3=5$MPa，采用加载-分步卸载、加载-单面突然卸载、轴向加载的应力控制路径。

实验加卸载过程为：①初始应力，最小主应力5MPa，中间主应力10MPa，最大主应力40MPa，加载过程控制在20min内，平均每5min加载10MPa；②试验控制应力，稳定30min后，分两次卸载最小主应力，从5MPa至3MPa，同时加载最大主应力，从40MPa至60MPa，中间主应力不变。每次完成加卸载后保持15min左右。30min后，突然卸载单面最小主应力至0，同时最大主应力从60MPa增加至80MPa，加载速率控制在2MPa/min，即在10min内完成20MPa的加载。保持15min，再加载最大主应力，每次5MPa，保持15min，其他两向应力不变。直至试件破坏。

图5.1所示为不同岩石组合下的室内应变岩爆实验测得应力时间曲线图，由于是人工手动操作液压加载控制系统，所以实测曲线与设计曲线略有不同，存在一定的波动。GR经历两次分步卸载加载后，岩石没有发生破坏，则继续增加轴向力，在实验开始后的第213min，发生了最终的岩爆破坏，其最终破坏临界应力为 $\sigma_1=122.0$MPa、$\sigma_2=10.5$MPa、$\sigma_3=0$。GN经历两次分步卸载加载后，岩石没有发生破坏，则继续增加轴向力，在实验开始后的第96min，发生了最终的岩爆破坏，其最终破坏临界应力为 $\sigma_1=64.0$MPa、$\sigma_2=10.4$MPa、$\sigma_3=0$。GRN经历两次分步卸载加载后，岩石没有发生破坏，则继续增加轴向力，在实验开始后的第84min，发生了最终的岩爆破坏，其最终破坏临界应力为 $\sigma_1=65.0$MPa、$\sigma_2=10.4$MPa、$\sigma_3=0$。可以看出，试件GR破坏临界强度较高，试件GN破坏临界强度和GRN试件则较低，岩石层面的存在降低了其强度。

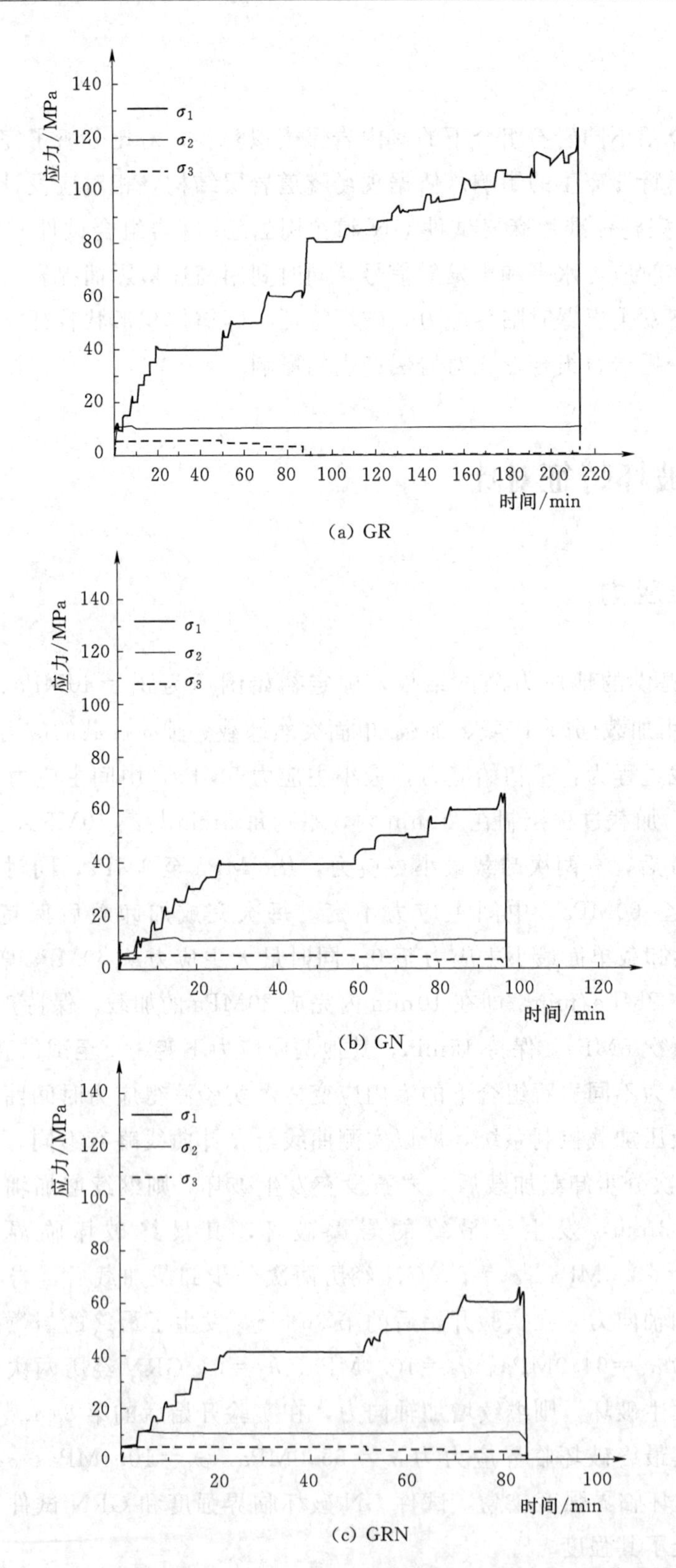

图 5.1　不同岩石组合下的室内应变岩爆实验测得应力时间曲线图

5.1.2 宏观破坏特征

图 5.2、图 5.3 所示为不同岩石组合下的室内应变岩爆破坏过程高速照片及其破坏后表面照片。

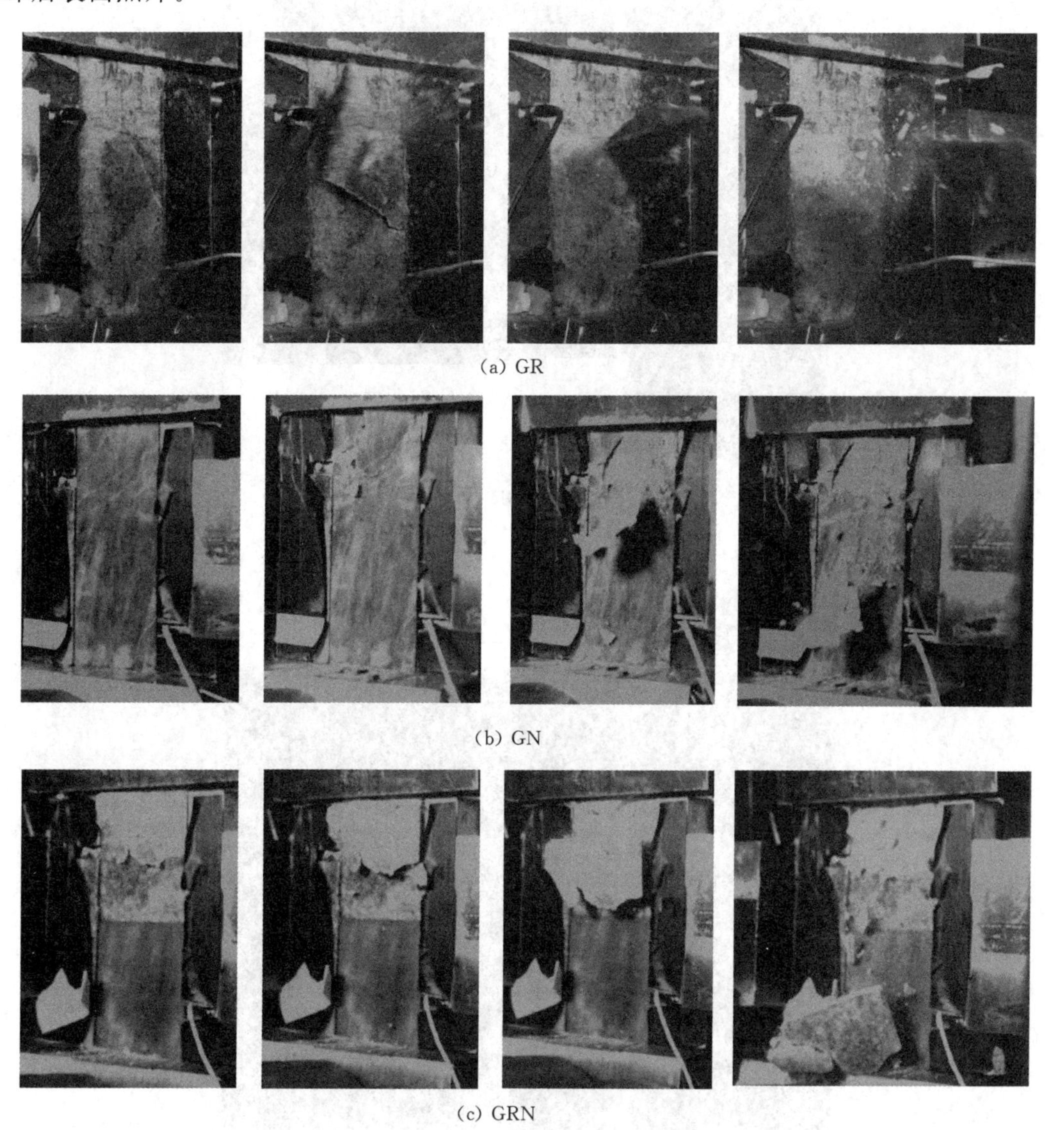

(a) GR

(b) GN

(c) GRN

图 5.2 不同岩石组合下的室内应变岩爆破坏过程高速照片

(1) GR 在距离卸载约 120min 时，试件上部有裂纹扩展现象，随后细小碎屑掉落，中部斜向裂纹开始扩展，最终大块碎屑从中间沿斜裂纹飞出，形成爆坑。大量能量在岩爆时刻释放且声发射事件数大量增加，伴随有较大且清脆的声响。整个过程动态破坏现象明显，总共持续了约 15s。由试件破坏后各表面照片可以看出，岩石破坏

(a) GR

(b) GN

图 5.3（一）　不同岩石组合下的室内应变岩爆破坏后各表面照片

(c) GRN

图 5.3（二） 不同岩石组合下的室内应变岩爆破坏后各表面照片

主要集中于中部，沿着斜向断裂成两半，从侧面可以观察到喷出碎屑后形成的两条斜向裂纹约成 30°，最终形成的爆坑尺寸约为 5.3cm×3.9cm×2.0cm。

（2）GN 在卸载后约 42s 试件顶部有裂纹出现并发生颗粒弹射，随即试件上部发生片状剥离并折断后弹射，伴随有大的声响；卸载后 47s，试件顶部大面积剥落，随即试件中部右侧发生大面积片状剥离，试件中部及右下侧产生明显裂纹；卸载后 50s，试件顶端发生大面积剧烈弹射。卸载后 54s，试件中下部发生大面积剥离；卸载后 60s，试件完全破坏。整个破坏过程总共持续了约 51s，剧烈程度较之 GR 更为缓和，仅有少量的细小颗粒弹射，由试件破坏后各表面照片可以看出，岩石最终发生的板裂化现象明显，破坏面几乎与试件卸荷面平行，主要破坏现象即是大面积剥落，基本没有块体状碎屑弹出的现象所导致的爆坑产生，试件顶部层状破坏明显。

（3）GRN 在卸载后约 4s 试件顶部出现轻微颗粒弹射；卸载后 9s，试件上部左侧出现裂纹，并迅速扩展至试件边缘；卸载后 11s，试件上部出现大面积片状剥离并伴随细小颗粒弹射；卸载后 13～20s，试件顶端持续剥落；卸载后 30s，试件顶端左侧出现弹射；卸载后 36s，试件顶端右侧出现轻微颗粒弹射；卸载后 54s，试件顶端左侧出现片状剥落，并伴随少量碎屑剥落。卸载后 58s，试件中部左侧出现裂纹，并扩展，伴随有片状剥落；卸载后 64s，试件顶端出现连续剥落；卸载后 72s，试件下部出现劈裂破坏，破坏试件成契形；卸载后79s，试件完全破坏。整个过程动态破坏现象不太明显，破坏过程总共持续79s。由试件破坏后各表面照片可以看出，试件破坏主要发生在上部GR部分，且有竖向张开裂纹，岩石表面已全部剥落，较为粗糙。GN部分内部已经断裂，侧面有斜向裂纹。

综上所述，可以看出GE破坏程度最为猛烈，出现裂纹快速扩展、碎屑高速弹射等动态破坏过程，而GN破坏较为缓和，没有明显的碎屑高速弹出过程，仅出现大量片状碎屑剥落。受两种岩石结构面存在的影响，GRN不仅临界破坏应力与GN接近，较低，且破坏模式上也相近，都是较为缓和且有大量片状碎屑剥落。

5.2 碎屑破坏特征对比

5.2.1 碎屑尺度特征

在不同岩石组合下的室内应变岩爆实验后，对岩石试件碎屑进行收集并筛分。筛分粒径分别为0.075mm，0.25mm，0.5mm，1.0mm，2.0mm，5.0mm和10.0mm，得到每个粒组范围碎屑，如图5.4～图5.6为不同岩石组合情况下产生的碎屑在不同粒径区间内照片。筛分后称重每个粒径区间内碎屑质量，求得该尺寸范围内试件碎屑的质量百分比。同时对于粒径$d>10$mm的部分中粒碎屑和粗粒碎屑进行计数和尺寸量测。使用游标卡尺分别测量粒径$d>10$mm碎屑的长、宽、厚，确定碎屑最基本的尺度特征，以长宽比、长厚比和宽厚比作为基本参量表征碎屑。

表5.1所示为不同岩石组合下的室内应变岩爆实验产生的碎屑质量及计数表，可以看出岩爆产生的碎屑主要以粗粒和中粒为主。图5.7为不同岩石组合下的室内应变岩爆实验产生的碎屑粒径质量分布图。不同岩石组合下的应变岩爆实验产生的岩石碎屑在粗粒粒组中所占比重是接近的，GR的碎屑在微粒、细粒和中粒粒组中所占比重都是最大的，这预示着岩石产生的碎屑增多，破碎更为剧烈，动力破坏特征更加明显。在中粒粒组的碎屑所占比重，从大到小的排序为GR、GN和GRN。

表5.1 不同岩石组合下的室内应变岩爆实验产生的碎屑质量及计数表

碎屑分类	粒径范围/mm	GR		GN		GRN	
		质量/g	计数	质量/g	计数	质量/g	计数
微粒	<0.075	0.043	—	0.345	—	0.414	—
细粒	0.075～5	3.238	—	6.656	—	15.917	—
中粒	5～30	10.330	13	35.700	97	26.246	184
粗粒	>30	677.94	4	649.920	13	680.430	9

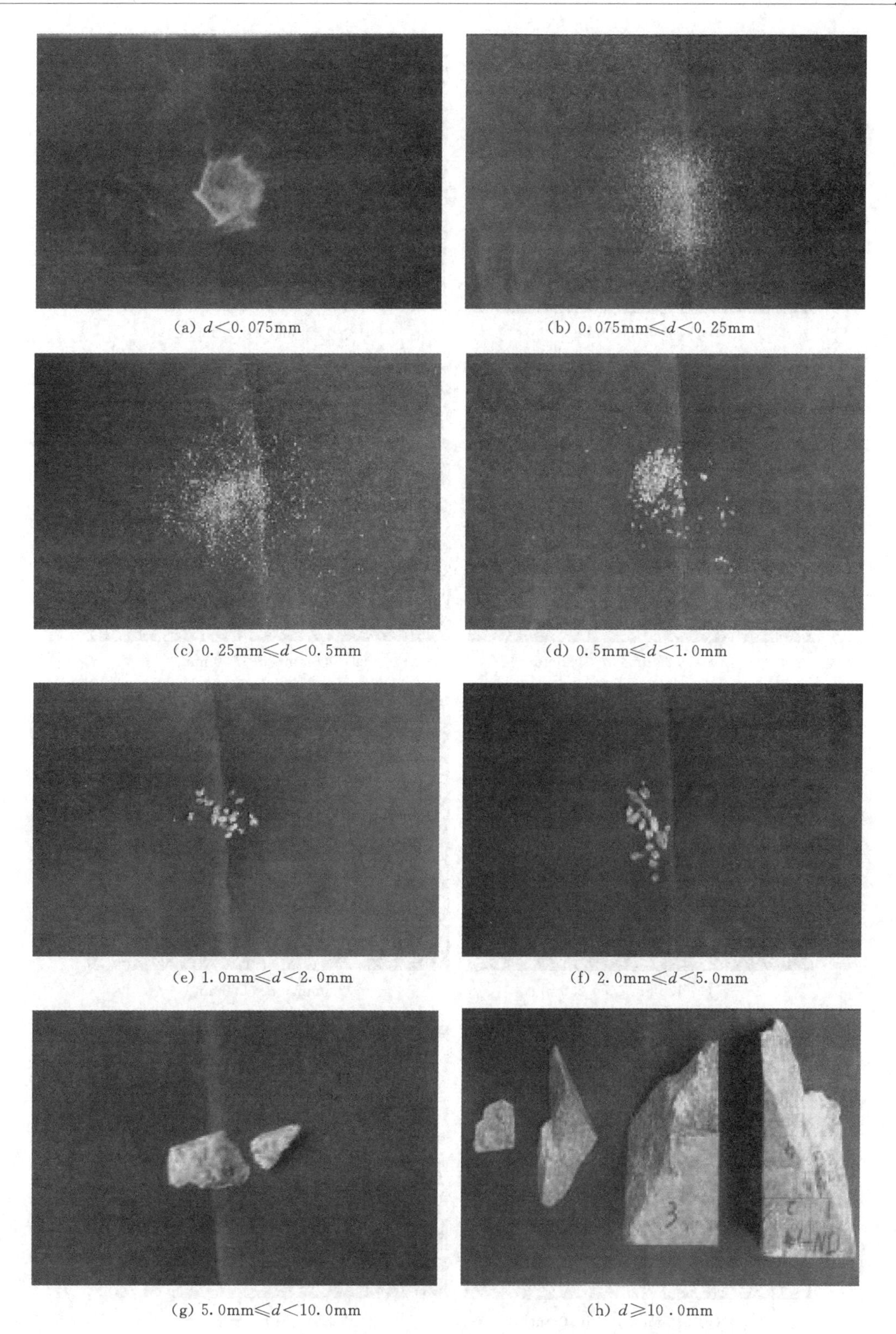

(a) $d<0.075\text{mm}$

(b) $0.075\text{mm}\leqslant d<0.25\text{mm}$

(c) $0.25\text{mm}\leqslant d<0.5\text{mm}$

(d) $0.5\text{mm}\leqslant d<1.0\text{mm}$

(e) $1.0\text{mm}\leqslant d<2.0\text{mm}$

(f) $2.0\text{mm}\leqslant d<5.0\text{mm}$

(g) $5.0\text{mm}\leqslant d<10.0\text{mm}$

(h) $d\geqslant 10.0\text{mm}$

图 5.4 试件 GR 应变岩爆实验产生的各粒径范围内碎屑照片

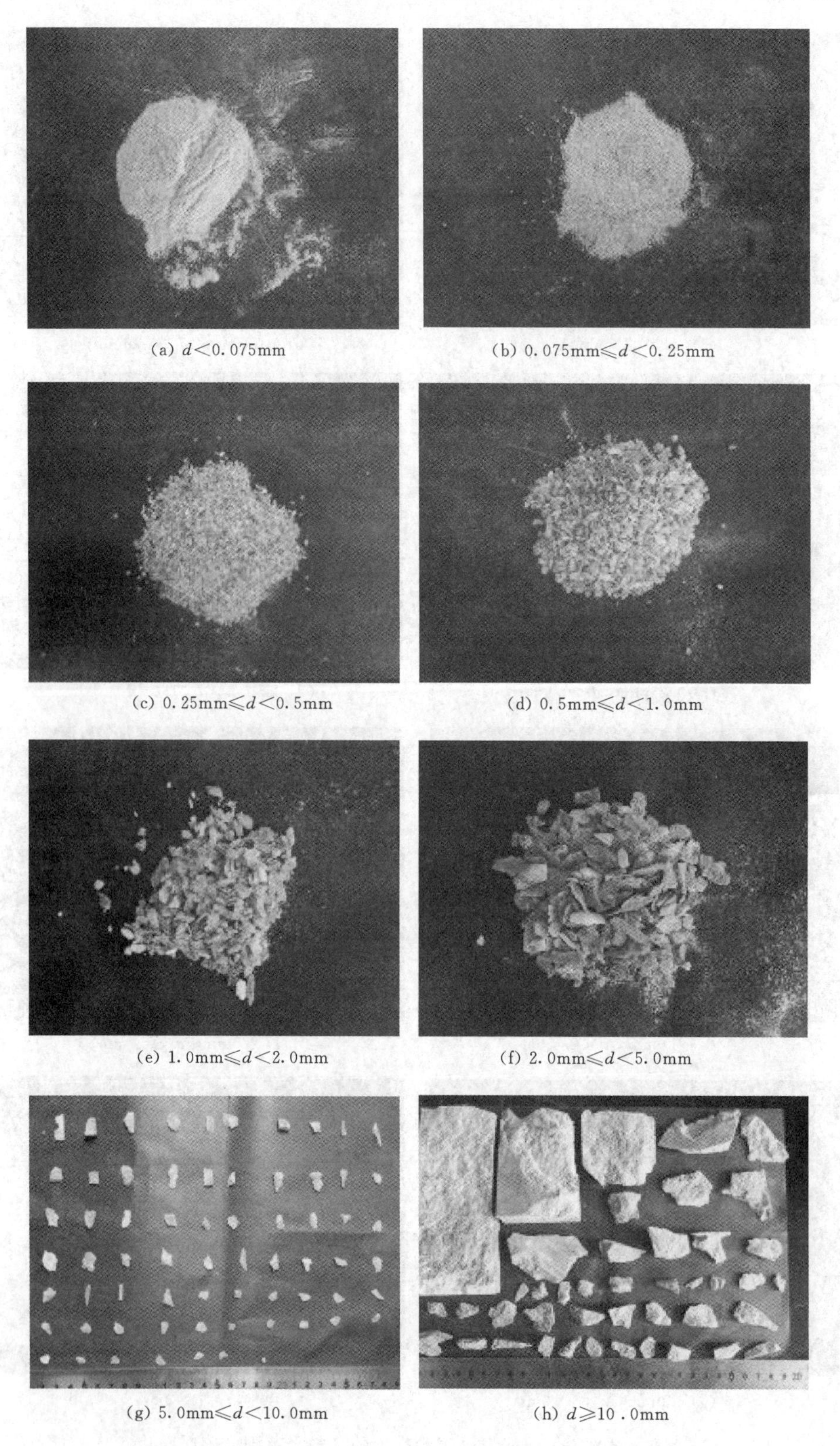

(a) $d<0.075$mm　(b) $0.075\text{mm}\leqslant d<0.25$mm

(c) $0.25\text{mm}\leqslant d<0.5$mm　(d) $0.5\text{mm}\leqslant d<1.0$mm

(e) $1.0\text{mm}\leqslant d<2.0$mm　(f) $2.0\text{mm}\leqslant d<5.0$mm

(g) $5.0\text{mm}\leqslant d<10.0$mm　(h) $d\geqslant 10.0$mm

图 5.5　试件 GN 应变岩爆实验产生的各粒径范围内碎屑照片

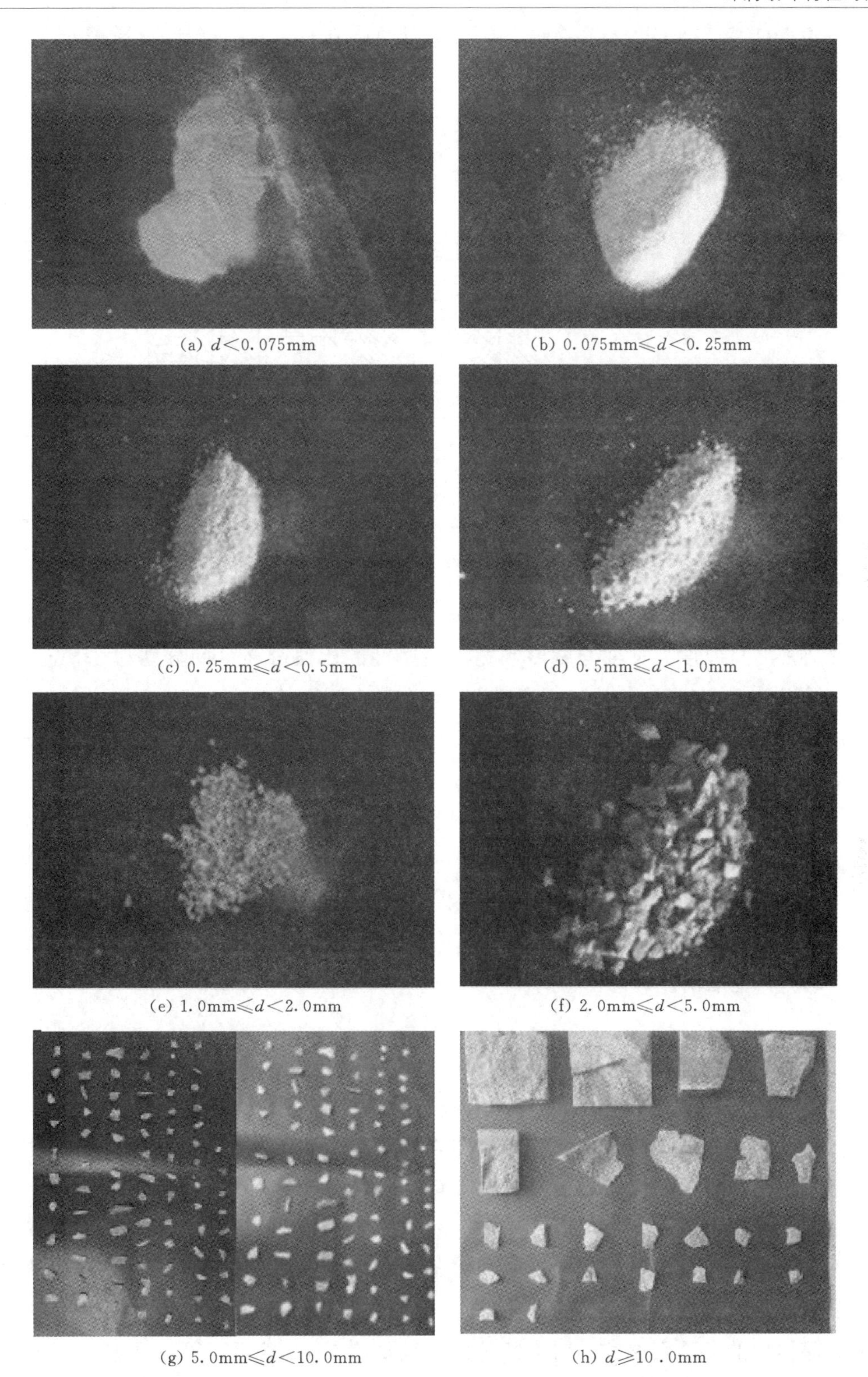

(a) $d<0.075$mm　(b) $0.075\text{mm}\leqslant d<0.25$mm

(c) $0.25\text{mm}\leqslant d<0.5$mm　(d) $0.5\text{mm}\leqslant d<1.0$mm

(e) $1.0\text{mm}\leqslant d<2.0$mm　(f) $2.0\text{mm}\leqslant d<5.0$mm

(g) $5.0\text{mm}\leqslant d<10.0$mm　(h) $d\geqslant 10.0$mm

图 5.6　试件 GRN 应变岩爆实验产生的各粒径范围内碎屑照片

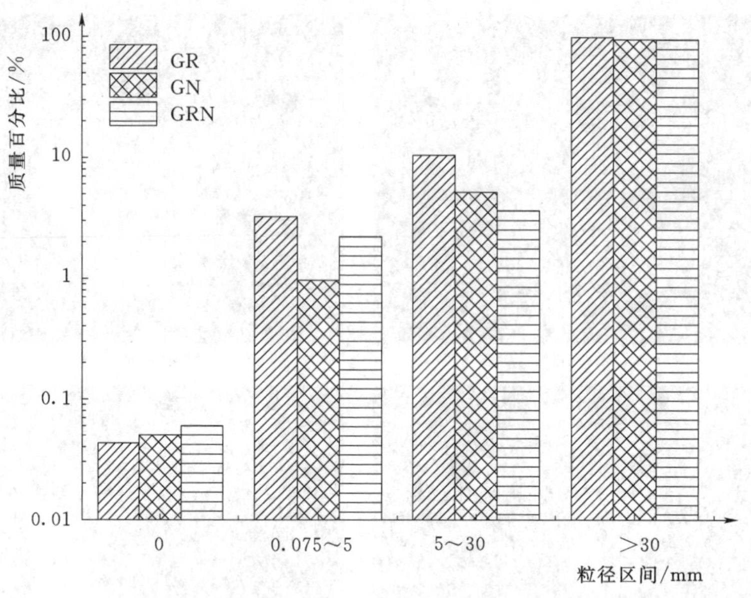

图 5.7　不同岩石组合下的室内应变岩爆实验产生的碎屑粒径质量分布图

图 5.8 为不同岩石组合下的室内应变岩爆实验产生的碎屑尺度特征比值图。①GR：岩爆碎屑长度与厚度、长度与宽度和宽度与厚度的比值分布区间分别为 3.81～7.19、1.38～2.27 和 2.01～5.2，片状、薄片状碎屑数量占到了总数目的 50%，平均长厚比为 5.36；②GN：岩爆碎屑长度与厚度、长度与宽度和宽度与厚度的比值分布区间分别为 3.07～23.26、1.55～2.04 和 1.98～11.43，片状、薄片状碎屑数量占到了总数目的 67.4%，平均长厚比为 7.78；③GRN：岩爆碎屑长度与厚度、长度与宽度和宽度与厚度的比值分布区间分别为 2.48～16.64、1.05～2.23 和 1.75～8.12，片状、薄片状碎屑数量占到了总数目的 40%，平均长厚比为 6.24。对比可以看出，GR 具有最小的平均长厚比，GN 和 GRN 则具有相对高的平均长厚比。预示着 GR 片状特征减弱，块体形状特征增强，动力特征加剧。

5.2.2　碎屑微观特征

图 5.9 为不同岩石组合下的室内应变岩爆实验产生碎屑 SEM 图像。可以发现岩石岩爆发生后产生的裂纹既有沿晶裂纹又有穿晶裂纹。

对 GR 碎屑表面放大 100 倍时，主要存在有钾长石晶间的沿晶裂纹，可以清楚看到该裂纹的走向。对片麻岩碎屑表面放大 300 倍后，可以观察到钠长石和石英晶体间的沿晶裂纹，以及钠长石内部的穿晶裂纹。对 GR 碎屑表面放大 500 倍时，可以看到伊利石晶体内的穿晶张裂纹。对 GN 碎屑表面放大 1000 倍后，可以观察到石英晶体内部被硅酸物质充填，表面破碎。

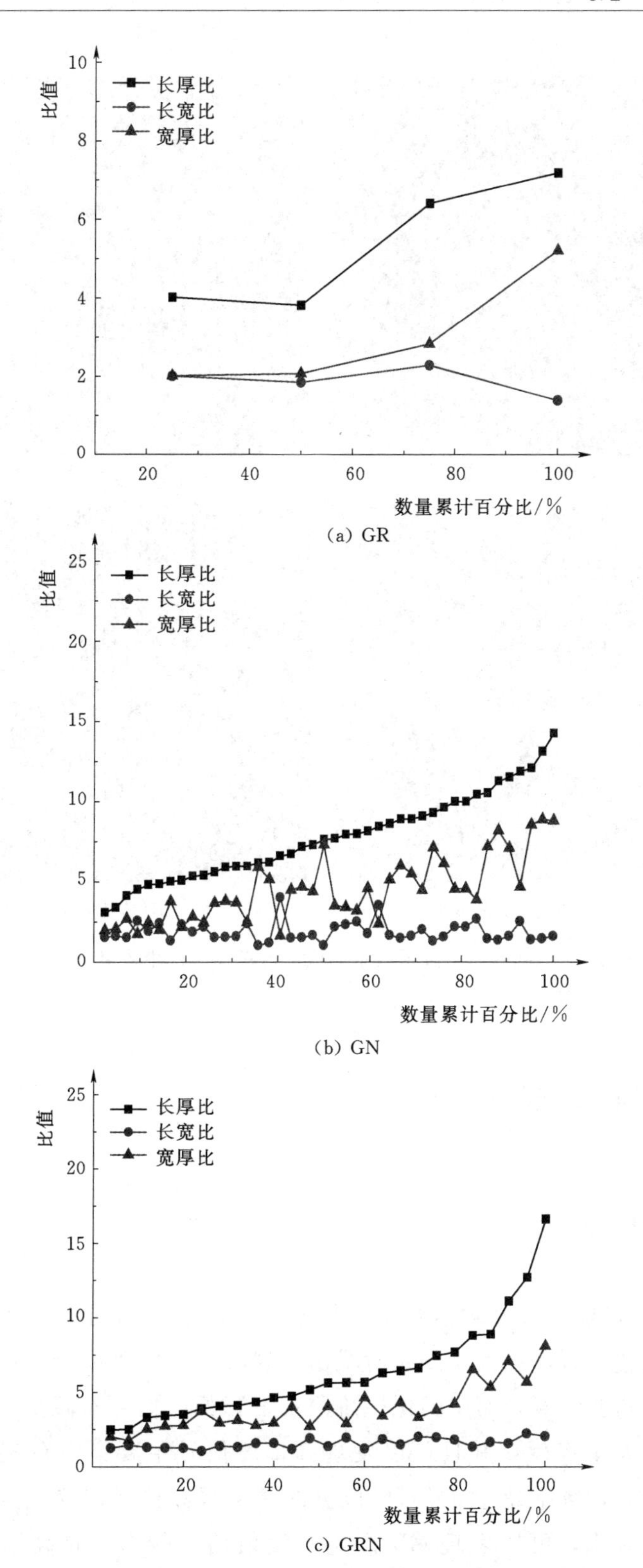

(a) GR

(b) GN

(c) GRN

图 5.8 不同岩石组合下的室内应变岩爆实验产生的碎屑尺度特征比值图

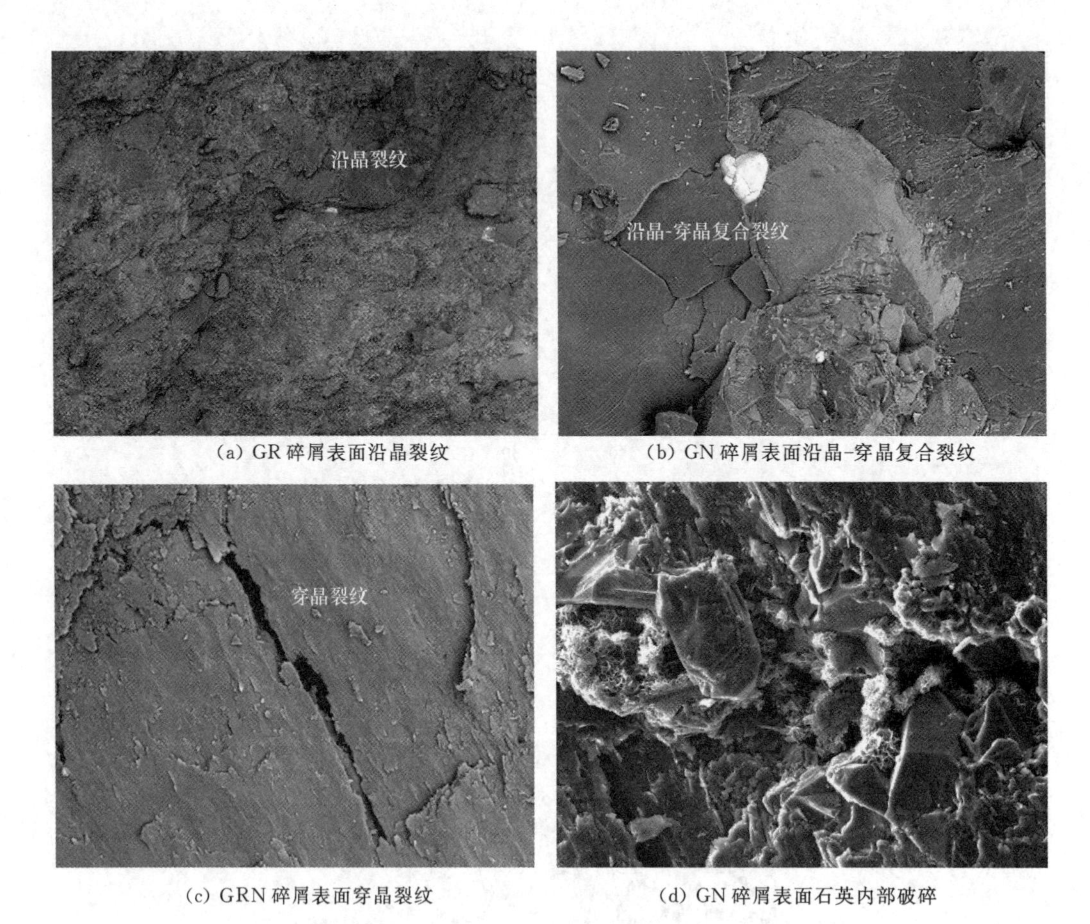

(a) GR 碎屑表面沿晶裂纹　　(b) GN 碎屑表面沿晶-穿晶复合裂纹

(c) GRN 碎屑表面穿晶裂纹　　(d) GN 碎屑表面石英内部破碎

图 5.9　不同岩石组合下的室内应变岩爆实验产生碎屑 SEM 图像

5.3　声发射特征对比

5.3.1　全时域参数分析

图 5.10 为声发射系统监测信号全时域幅度与频率三维分布点图。从图中可以看出无论是何种高度岩石，在实验开始阶段由于岩石内部空隙闭合，产生较多声发射事件，会有较多高幅度信号，而中间保持阶段幅度降低，信号量减少，最后岩石岩爆破坏时高幅度信号大量产生，并且可以发现高幅度信号主要集中在较低频率区间范围内，即 0～300kHz，频率超过 600kHz 以上的频率很高信号对应幅度很低，即声发射能量很小。通过对比，可以发现 GR 产生声发射信号较多，且高幅度信号存在超过 200kHz 频率的部分，而 GN、GRN 高幅度信号则频率带低于 200kHz。

图 5.11 为 GR 应变岩爆实验声发射能量及应力曲线关键点确定图。图中 GR 应变岩爆实验声发射累计释放总能量为 4.87×10^{11} aJ，结合应力加载曲线，可以找到六个关键拐点 $T_1 \sim T_6$，其中：①岩石加载至初始围压状态，能量激增后特征点 T_1；②完全卸载后轴向加载能量略微增大特征点 T_2；③保持 15min 后轴向开始加载 5MPa 时产生能量继续快速增长特征点 T_3；④距离开始实验的约 195min，即完全卸载后第七次轴向加载产生的能量增长特征点 T_4；⑤应力保持阶段能量继续增长特征点 T_5；⑥完全卸载后第八次轴向加载至岩爆发生，能量陡增至峰值特征点 T_6。

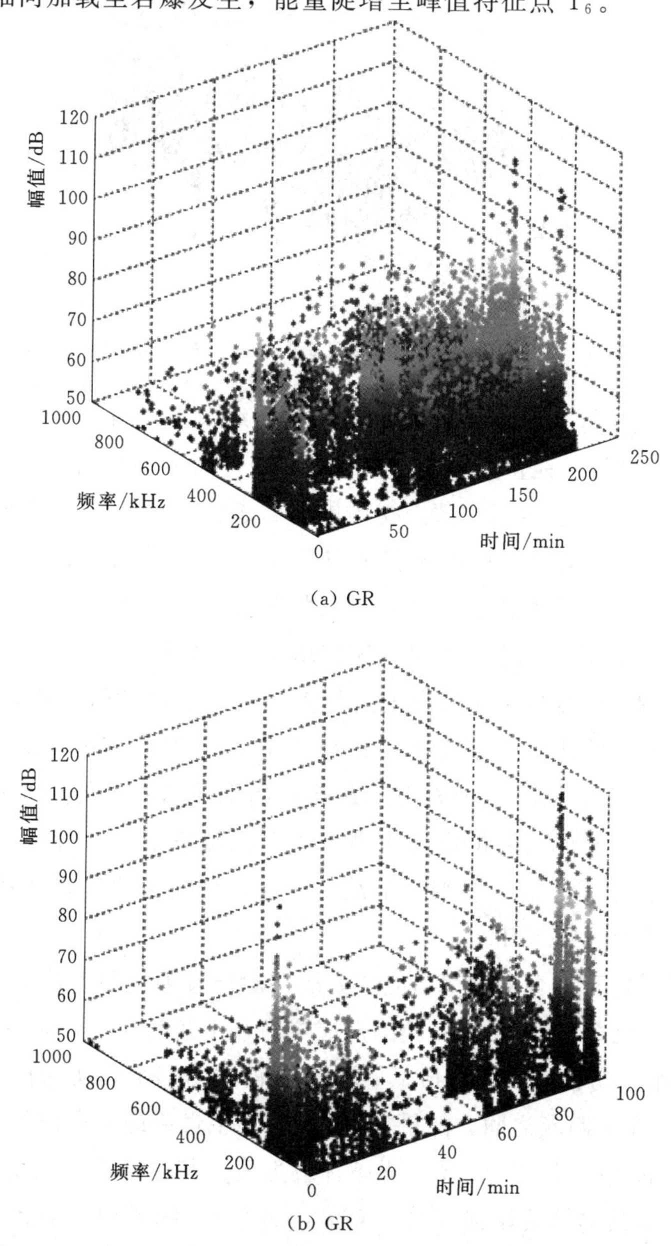

(a) GR

(b) GR

图 5.10（一）　声发射系统监测信号全时域幅度与频率三维分布点图

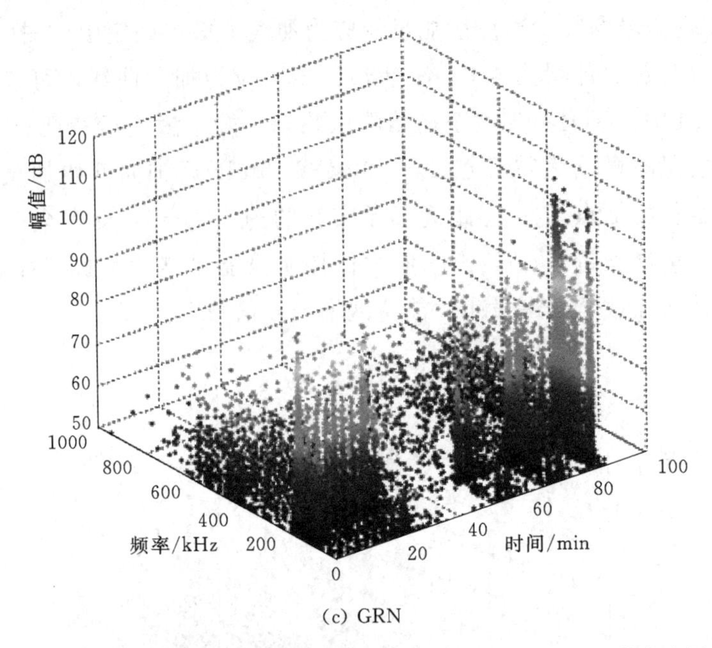

(c) GRN

图5.10（二） 声发射系统监测信号全时域幅度与频率三维分布点图

图5.12为GN应变岩爆实验声发射能量及应力曲线关键点确定图，图中GN应变岩爆实验声发射累计释放总能量为3.84×10^{10}aJ，结合应力加载曲线，可以找到六个关键拐点T_1～T_6，其中：①岩石加载至初始围压状态，能量激增后特征点T_1；②第一次分步卸载后轴向加载能量略微增大特征点T_2；③第二次分步卸载后轴向保持能量开始增加特征点T_3；④完全卸载后能量增长特征点T_4；⑤继续加载，岩爆即将发生能量增长特征点T_5；⑥岩爆发生能量快速陡增至峰值特征点T_6。

图5.13为GRN应变岩爆实验声发射能量及应力曲线关键点确定图。图中GRN应变岩爆实验声发射累计释放总能量为4.97×10^{10}aJ，结合应力加载曲线，可以找到五个关键拐点T_1～T_5，其中：①岩石加载至初始围压状态，能量激增后特征点T_1；②第一分步卸载后轴向加载模拟应力集中过程而能量略微增大特征点T_2；③完全卸载而能量继续增长特征点T_3；④继续加载，岩爆发生能量快速陡增特征点T_5；⑤岩爆时刻能量达到峰值特征点T_5。

表5.2为不同岩石组合下的室内应变岩爆实验声发射能量及应力关键点水平，表中可以发现在T_1关键点处，三例实验的对应应力水平较为接近，而AE能量水平有较大差别，GR初始损伤较小，能量最低，而相对较软的GN则初始损伤较大，能量最高。GRN能量值介于两者之间，能量接近。GR发生最终的岩爆破坏，能量值是其他三例实验能量值的10倍以上。GR临界破坏应力值是其单轴抗压强度的2.08倍，GN临界破坏应力值是其单轴抗压强度的1.6倍，而GRN临界破坏应力值是GR单轴抗压强度的1.10倍，是GN单轴抗压强度的1.63倍。可以看出，GR能够积聚更多的

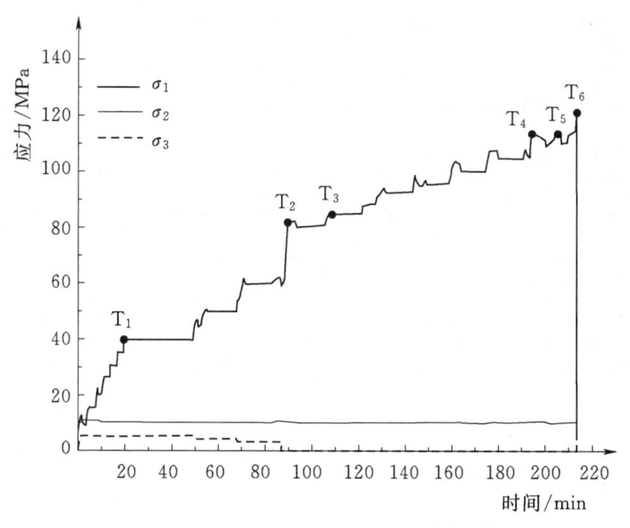

(a) 应力全过程曲线中的关键点

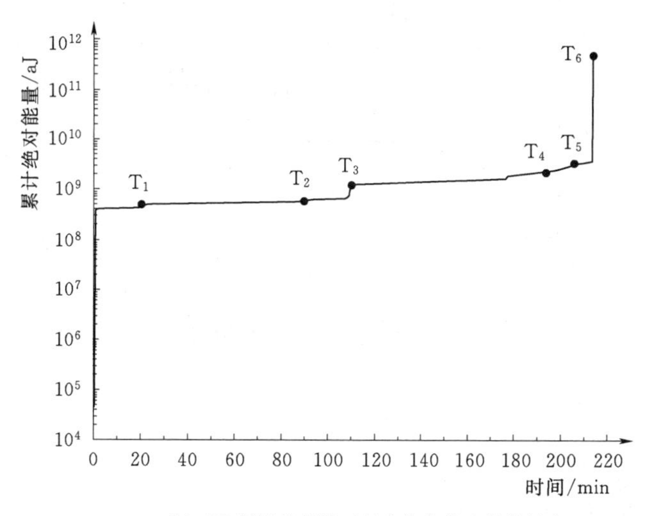

(b) AE 累计能量随时间变化曲线中的关键点

图 5.11 GR 应变岩爆实验声发射能量及应力曲线关键点确定图

弹性应变能，而 GRN 积聚能量的能力较低，与 GN 接近。

表 5.2 不同岩石组合下的室内应变岩爆实验声发射能量及应力关键点水平

关键点	GR			GN			GRN			
	应力水平		AE 能量水平/aJ	应力水平		AE 能量水平/aJ	应力水平			AE 能量水平/aJ
	σ_1/MPa	$\frac{\sigma_1}{\sigma_{c1}}$		σ_1/MPa	$\frac{\sigma_1}{\sigma_{c2}}$		σ_1/MPa	$\frac{\sigma_1}{\sigma_{c1}}$	$\frac{\sigma_1}{\sigma_{c2}}$	
T_1	40.6	0.69	4.99×10^8	40.2	1.0	1.02×10^9	41.4	0.71	1.04	8.03×10^8
T_2	81.7	1.39	6.09×10^8	50.0	1.25	1.09×10^9	61.8	1.05	1.55	1.15×10^9

续表

关键点	GR			GN			GRN			
	应力水平		AE 能量水平 /aJ	应力水平		AE 能量水平 /aJ	应力水平			AE 能量水平 /aJ
	σ_1/MPa	$\frac{\sigma_1}{\sigma_{c1}}$		σ_1/MPa	$\frac{\sigma_1}{\sigma_{c2}}$		σ_1/MPa	$\frac{\sigma_1}{\sigma_{c1}}$	$\frac{\sigma_1}{\sigma_{c2}}$	
T_3	85.6	1.46	1.26×10^9	59.7	1.49	1.19×10^9	60.4	1.03	1.51	1.28×10^9
T_4	114.0	1.94	2.18×10^9	60.0	1.53	1.51×10^9	62.0	1.06	1.55	1.08×10^{10}
T_5	113.9	1.94	3.40×10^9	63.0	1.58	1.25×10^{10}	65.0	1.10	1.63	4.97×10^{10}
T_6	122.0	2.08	4.87×10^{11}	64.0	1.65	3.84×10^{10}	—	—	—	—

注　σ_{c1}表示 GR 的单轴抗压强度，即 58.7MPa；σ_{c2}表示 GN 的单轴抗压强度，即 40MPa。

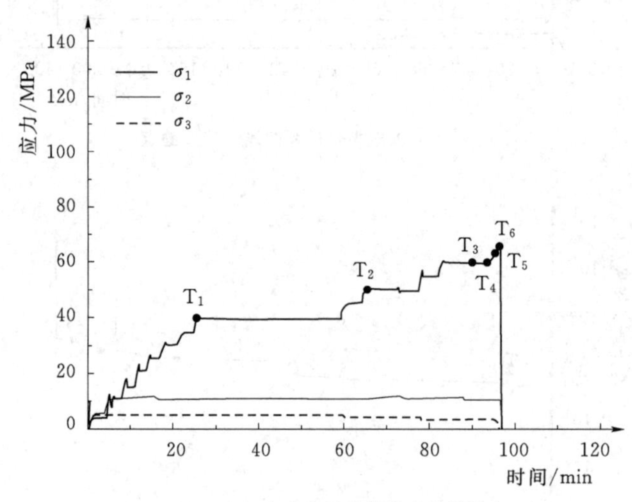

(a) 应力全过程曲线中的关键点

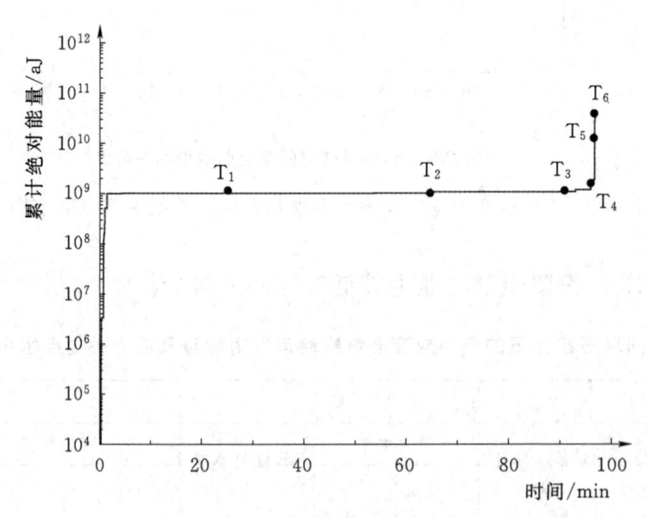

(b) AE 累计能量随时间变化曲线中的关键点

图 5.12　GN 应变岩爆实验声发射能量及应力曲线关键点确定图

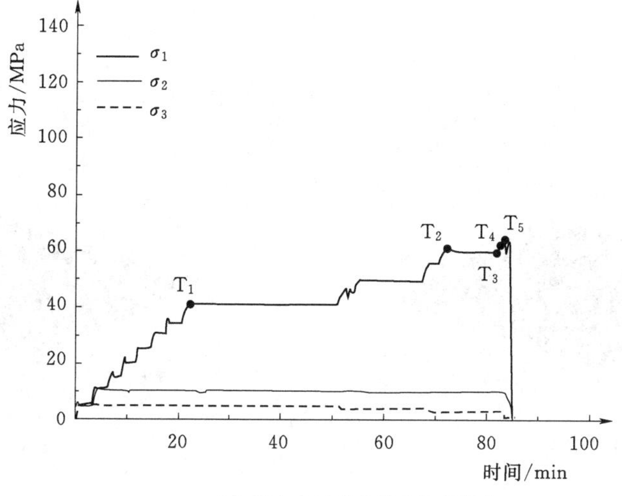

(a) 应力全过程曲线中的关键点

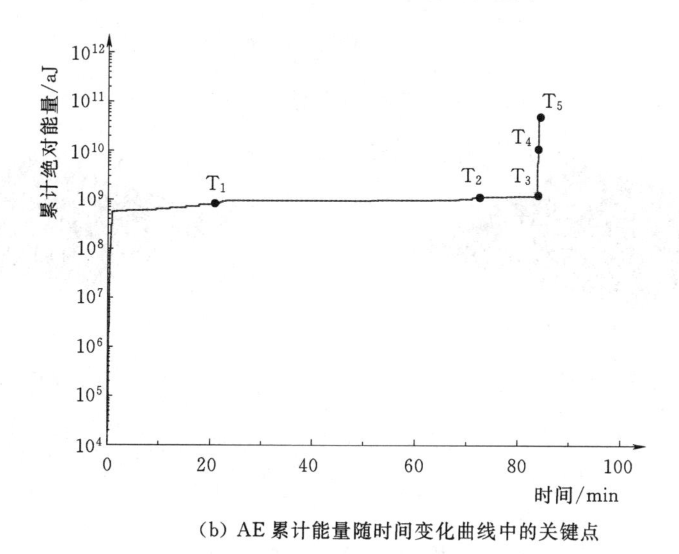

(b) AE 累计能量随时间变化曲线中的关键点

图 5.13 GRN 应变岩爆实验声发射能量及应力曲线关键点确定图

5.3.2 波形时频分析

对关键点处的波形信号进行快速傅里叶变换，得到其频谱特征，选取上述典型不同岩石组合的岩爆声发射数据进行分析。每个波形文件采集 2ms，由 4096 个电压值组成。以 GR 岩爆声发射数据为例来进行说明，对应六个关键点处时频图，可以看出时频特征随着实验加卸载进行有明显变化，信号由低幅度向高幅度变化，且波形由持续时间短的单波向持续时间布满 2ms 的多波转化，预示着能量不断加大，如图 5.14 所示。

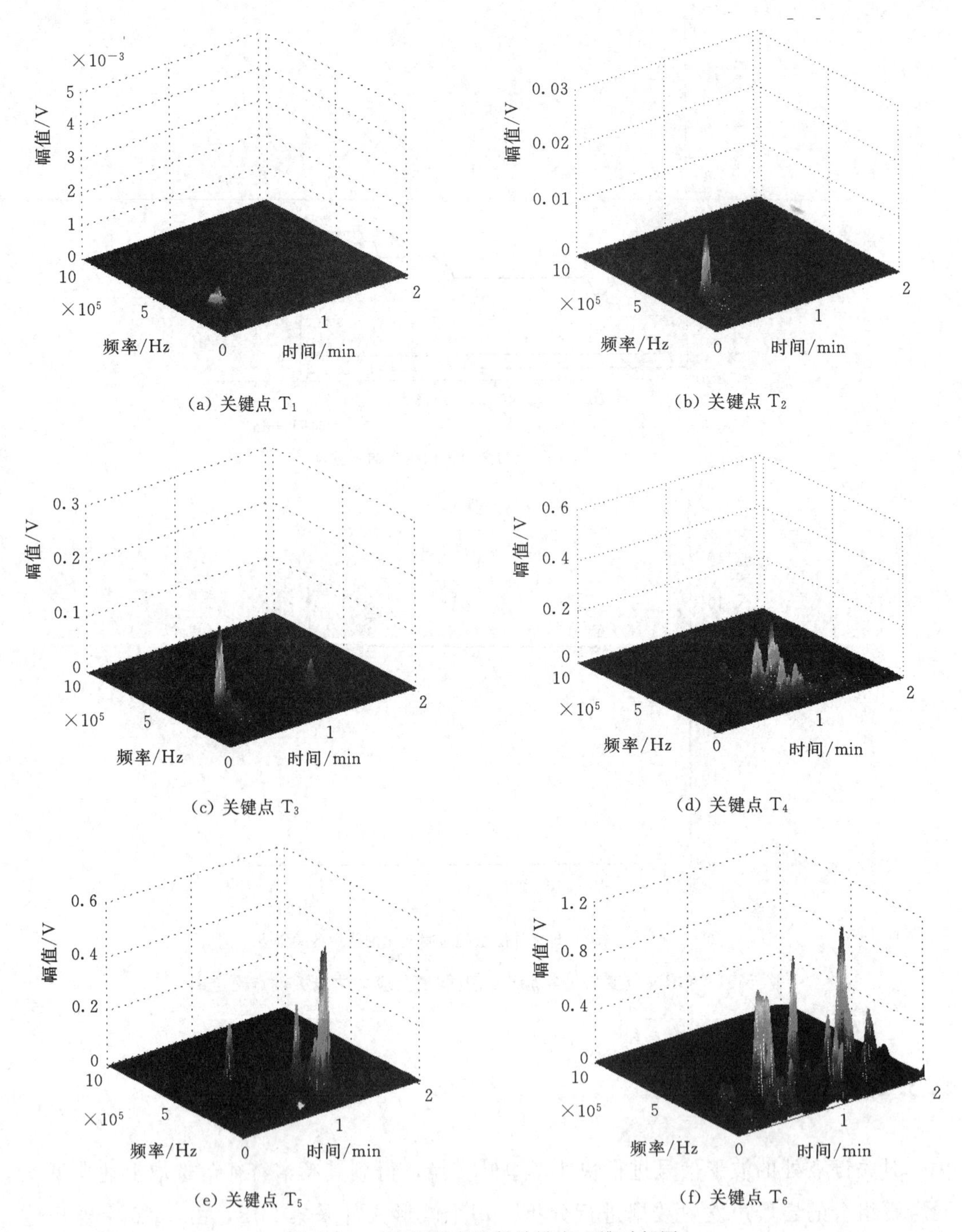

(a) 关键点 T_1　　(b) 关键点 T_2

(c) 关键点 T_3　　(d) 关键点 T_4

(e) 关键点 T_5　　(f) 关键点 T_6

图 5.14　GR 岩爆声发射关键点三维时频图

提取全实验每个波形经处理后的峰值频率，即幅度较大尖点处的频率值，定义为主频值，绘制岩石在整个实验过程主频值分布散点图，如图 5.15 所示，横轴为声发射波形序列，纵轴为每个波形对应的峰值频率，即主频值。注意一个波形可能会有多

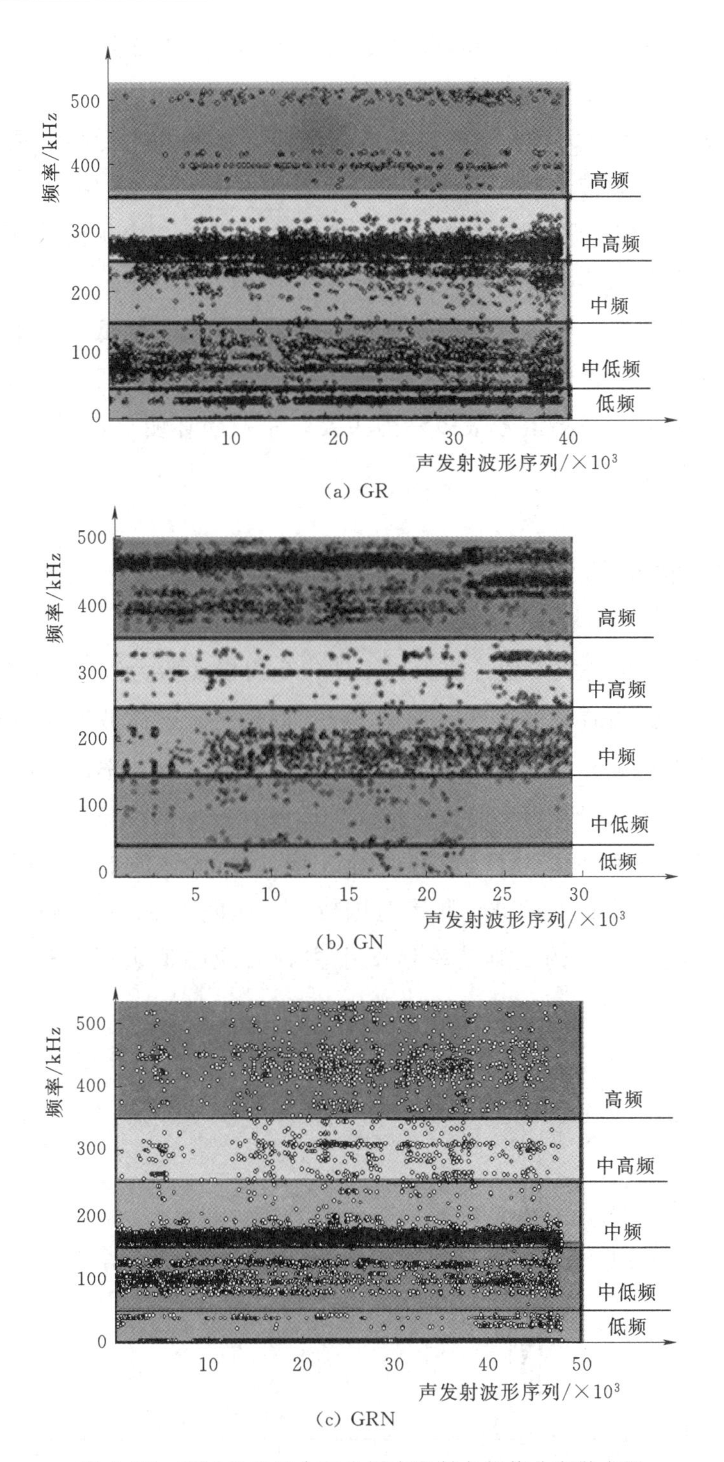

图 5.15 不同岩石组合下岩爆声发射主频值分布散点图

个幅度尖点，也即有多个主频值。将频率分布区间分为 5 个频率带，包括低频带、中低频带、中频带、中高频带和高频带，分别对应的频率区间范围为 0～50kHz、50～

150kHz、150～250kHz、250～350kHz、350～500kHz。将各分布带上的数据点用不同的颜色覆盖，以便观察各试验下主频带分布特征。图中可以看出，主频带分布差异很大：GR相较于其他两例实验，其高频成分较少，低频和中低频数据很多，而中频信号较少且分散，主频带主要在中高频和中低频带内，主要集中在275kHz和90kHz；②GN高频及中高频信号量较多且集中，随着实验的进行，中频信号增多，主频带主要在高频与中频带内，主要集中在460kHz和160kHz；③GRN高频及中高频信号量较少且发散，且随着实验的进行高频及中高频信号量在减少而低频及中低频信号量在增多，主频带主要在中频带内，主要集中在160kHz。GR主频低频带数据量较多，剪性破坏相对最强而GN高频信号最多最为主要，张拉破坏明显，而GRN则介于两者之间，中频信号较多。

5.3.3　声发射 *b* 值演化

进行声发射G-R公式 *b* 值计算，以GR应变岩爆实验为例进行说明，提取 T_1 关键点处波形数据，绘制时域波形图，如图5.16（a）所示，该波形为典型的单波型信号，持续时间约为0.4ms。利用快速傅里叶变换后得到二维功率谱图，如图5.16（b）所示，反映了信号功率随着频率的变化情况，即各种频率的能量分布。可以看出该波形信号主要的能量频率在105kHz左右。图5.16（c）为该波形在时域、频域的幅度分布，显示0.25～0.4ms内的波形频率范围较大，区间为80～150kHz。图5.16（d）为提取波形文件经处理后的二维功率谱图中主频对应幅值进行的幅值-频度 *b* 值拟合图。

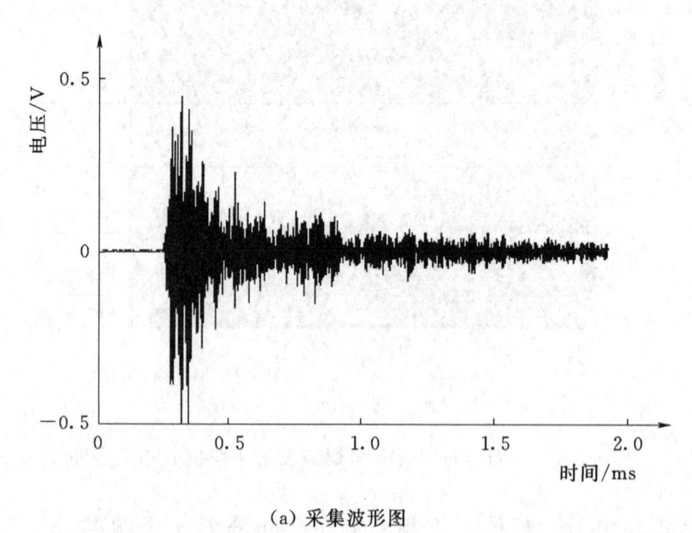

(a) 采集波形图

图5.16（一）　声发射关键点波形文件处理及 *b* 值计算（以GR试件关键点 T_1 处波形文件为例）

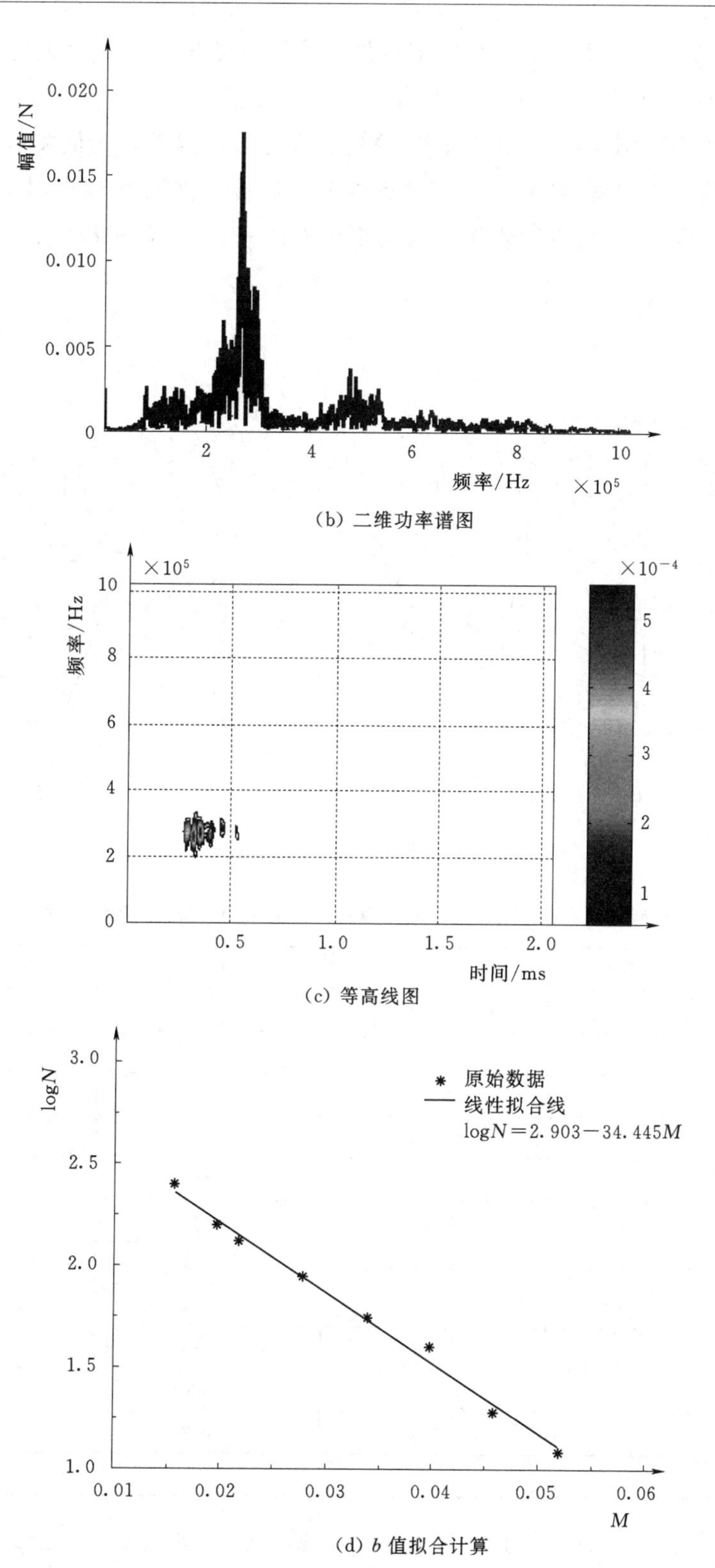

(b) 二维功率谱图

(c) 等高线图

(d) b 值拟合计算

图 5.16（二） 声发射关键点波形文件处理及 b 值计算（以 GR 试件关键点 T_1 处波形文件为例）

遵循该方法，将本实验的六个关键点处波形进行处理，每一个关键点处会对应有一个a值和b值，图5.17为GR应变岩爆实验声发射关键点G-R公式中a值、b值玫瑰分布图。可以看出，a值除了在T_2关键点降低至2以下，其他关键点处都集中在3附近。而b值则有开始增大，T_5关键点处开始减少，尤其是岩爆时刻大幅度降低。将不同岩石组合下的室内应变岩爆实验关键点处对应a、b值进行统计，见表5.3。

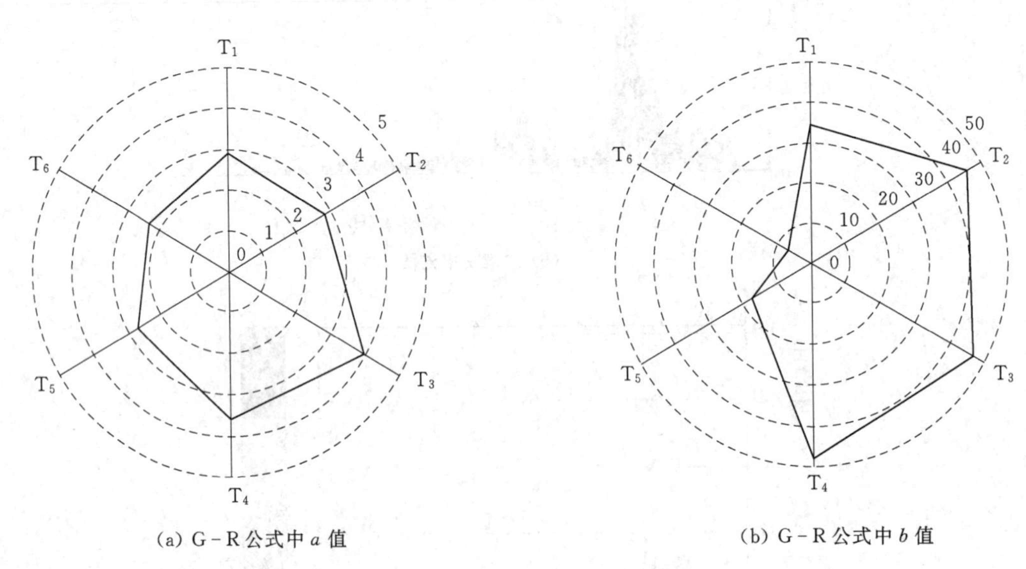

图5.17　GR应变岩爆实验声发射关键点G-R公式中a、b值玫瑰分布图

表5.3　不同岩石组合下的室内应变岩爆实验关键点处对应a、b值统计表

关键点	参数	GR	GN	GRN
T_1	a	2.903	2.879	3.639
	b	34.445	45.850	30.430
T_2	a	2.842	3.774	3.007
	b	46.440	47.152	33.100
T_3	a	3.999	2.683	2.798
	b	47.290	39.160	22.630
T_4	a	3.605	2.133	2.156
	b	48.700	28.700	17.400
T_5	a	2.730	2.476	2.116
	b	17.882	19.680	13.140
T_6	a	2.324	3.072	—
	b	6.597	13.166	—

图5.18为不同岩石组合下的室内应变岩爆实验关键点G-R公式中b值变化曲线，可以发现虽然b值大小有着明显差异，但演化过程有着相似的变化趋势，加卸载

初期，声发射 b 值较为接近，说明微裂纹缓慢发育，不同尺度的微裂纹状态较为恒定，且声发射事件幅值变化不是很大。随着载荷的增加，声发射 b 值快速上升，说明小尺度的微裂纹大量发育，不同大小的声发射事件比例开始加大，具有大幅值的声发射事件不断产生，岩石内部裂纹呈现极其不稳定的微裂纹快速发育，宏观裂纹不断形成的状态。岩爆阶段，声发射 b 值降到最低值，大量的高幅值声发射事件快速产生，岩石进入失稳破坏阶段。

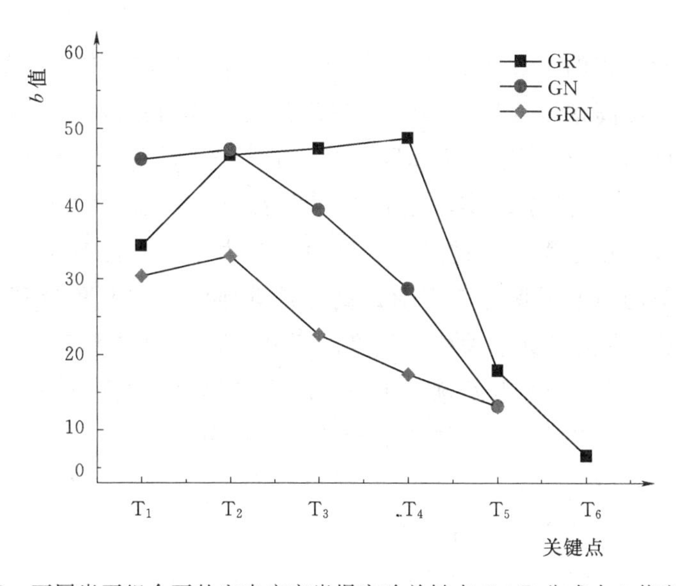

图 5.18　不同岩石组合下的室内应变岩爆实验关键点 G－R 公式中 b 值变化曲线

5.4　本章小结

本节主要介绍了岩石组合形式这一影响应变岩爆实验结果的重要因素及其系列实验，分别进行了 GR 应变岩爆实验、GN 应变岩爆实验及 GRN 应变岩爆实验，发现岩石组合形式影响岩爆模拟实验中最终破坏强度。整体来说，GR 能够储存更多的弹性应变能，具有最高的临界破坏应力值，达到 122MPa，是自身单轴抗压强度的 2.08 倍。GN 相对破坏应力值降低，达到 64MPa，是自身单轴抗压强度的 1.6 倍。而 GRN 破坏应力值较低，达到 65MPa，与 GN 接近，这是由于组合层面的存在降低了岩石试件的储存能量的能力。三例实验破坏模式也有很大不同，GR 产生猛烈的岩爆破坏现象，裂纹扩展和块体碎屑弹射现象明显，GN 破坏则较为缓和，有少量碎屑弹射，但更多的是薄片状碎屑剥离脱落，GRN 破坏过程中没有明显的碎屑弹射这种动态破坏现象出现，以劈裂和片状碎屑缓慢掉落为主。三种不同岩石组合下岩爆产生的碎屑主要以粗粒和中粒为主，在粗粒粒组中所占比重是接近的，GR 的碎屑在微粒、细粒和中粒粒组中所占比重都是最大的，这预示着岩石产生的碎屑增多，破碎更为剧烈，动力破坏特征更加明显。计算不同岩石组合下岩爆产生的碎屑长厚比平均值，发现 GR 具有最小的平均长厚比，GN 和 GRN 则具有相对高的平均长厚比。预示着 GR 试件片状特征减弱，块体形状特征增强，动力特征加剧。不同岩石组合下应变岩爆实验产生的碎屑微观电镜扫描 SEM 图像结果，可以发现岩石岩爆发生后产生的裂纹既有沿晶裂纹又有穿晶裂纹。

采集系列实验过程的声发射数据，首先进行参数分析，绘制全时域幅度-频率-时间三维图，可以看出高幅度信号主要集中在较低频率区间范围内，GR 产生声发射信号较多，且高幅度信号存在超过 200kHz 频率的部分，而 GN 及 GRN 高幅度信号则频率带低于 200kHz。采集系列实验过程的声发射数据，绘制时间-累计声发射能量图，可以确定实验演化过程的关键点，找到对应应力水平和能量水平，可以发现 GR 应变岩爆实验释放的声发射累计能量值最高，是其他两例实验累计释放量的 10 倍以上。GR 临界破坏应力值是其单轴抗压强度的 2.08 倍，GN 临界破坏应力值是其单轴抗压强度的 1.6 倍，而 GRN 临界破坏应力值是花岗岩单轴抗压强度的 1.10 倍，是 GN 单轴抗压强度的 1.63 倍。GR 能够积聚更多的弹性应变能，而组合岩石积聚能量的能力较少。对声发射波形文件进行短时傅里叶变换，获得关键点处 3D 频谱图，发现随着实验进行波形由低幅值向高幅值变化，且波形由持续时间短的单波向持续时间布满 2ms 的多波转化。提取幅度最大处对应频率，定义为主频，提取每个波形的主频值，结果发现 GR 主频主要集中于中高频和中低频成分，剪性破坏显著。而 GN 则高频成分较多，以张性破坏为主，GRN 主频带介于两者之间。最后，引入地震研究领域中反映震级与频度之间的关系的 G－R 公式，计算声发射实验中波形数和波形幅值之间的关系，发现加卸载初期，声发射 b 值较大，岩石内部微裂纹不断地发育，低幅值波形不断产生，比例不断增加，b 值缓慢增加。随着载荷的进一步加大，声发射 b 值快速下降，岩石内部微裂纹贯穿，形成宏观裂隙，具有大幅值的波形不断产生。岩爆阶段，声发射 b 值降到最低值，大量的高幅值声发射事件快速产生，岩石进入失稳破坏阶段。对比发现 GR 最后岩爆时刻 b 值最小，证明宏观裂隙较多，震级能量较大。

第 6 章

结论、创新与展望

本书利用真三轴卸载岩爆模拟实验系统，模拟并对比了受不同卸载速率、不同岩石尺寸及不同岩石组合三种重要影响的岩爆破坏特征，详细描述了三组系列平行实验的实验方法、步骤及结果，进行了岩石岩爆临界强度的对比，利用高速摄影捕捉岩石岩爆破坏过程，对比分析了宏观破坏特征。收集实验后碎屑，进行筛分实验和电镜扫描实验，确定其尺度特征、形状特征并观察微裂纹。研究实验全过程声发射累计参数演化过程，确定实验关键特征点，统计各关键点应力水平和声发射能量值，并且提取关键点处声发射波形数据进行时频分析和 b 值计算，分析这三种因素对声发射特征演化的影响。

6.1 结论

岩爆是一种复杂的岩石力学行为，受多种因素共同影响，本书选取其中三个重要影响因素，即卸载速率、岩石尺寸和岩石组合形式，从破坏强度、宏观及微观破裂特征、声发射参数及波形特征等角度进行了对比分析，其主要结论如下：

（1）通过设计水平最小主应力突然卸载、卸载速率分别为 0.1MPa/s、0.05MPa/s、0.025MPa/s 四种实验，发现随着卸载速率的降低，岩爆临界轴向最大主应力随之降低，岩爆破坏宏观过程也有很大差异，卸载速率越大，碎屑弹射等动力学现象越明显且最后岩石表面留下的爆坑深度大，体积也大。卸载速率降低，岩石碎屑大多片状弯折剥落，相应爆坑深度小，体积也小。观察花岗岩试件岩爆破裂面碎屑微观图片，发现卸载速率越大，试件破裂面微观张性特性越明显。对应变岩爆实验产生的碎屑进行筛分实验，并对粒径大于 5mm 的碎屑进行尺度量测，发现卸载速率越大，碎屑块数总量越多，且微粒，细粒和中粒所占比例也越大，证明了快速开挖卸载将产生更加剧烈的颗粒弹射等动力学破坏现象。岩爆发生时，碎屑多是片状，薄片状，随着卸载速率增大，长厚比小的柱状，块状碎屑所占的比例也增大。

绘制全时域幅度-频率-时间三维图，可以看出高幅度信号主要集中在较低频率区间范围内，且随着卸载速率的降低，最终岩石破坏时产生的高幅度信号量有降低的趋势。依据时间-累计声发射能量图可以确定实验演化过程的关键点，发现 90%以上的能量在最后的岩爆时刻释放。随着实验进行关键点处 3D 频谱图波形由低幅值的持续时间短的单波向高幅值的持续时间布满 2ms 的多波转化。四例实验卸载速率由高到低分别对应的主频带分布于 60～100kHz，60～100kHz，100～125kHz 和 140～150kHz，即随着卸载速率的降低，声发射波形信号数据点骤减，且主频带有上移的趋势。对比发现，卸载速率越大，高频成分越多，证明其张性破裂越多。反映波形数和波形幅值之间关系的 b 值，初始加载时由于岩石内部微裂纹不断形成而缓慢增加。随着载荷进一步加大，b 值快速下降，预示岩石内部微裂纹贯穿，宏观裂隙不断形成，大幅值的波形不断产生。岩爆阶段，b 值降到最低值，大量的高幅值声发射事件快速产生，岩石进入失稳破坏阶段。卸载速率越大，其岩爆时刻 b 值越小，说明其宏观破坏越多，震级能量越大。

(2) 通过设计 150mm、120mm、90mm 和 60mm 四种岩石试件高度，来研究应变岩爆实验中的岩石尺寸效应问题。发现随着试件高度的降低，岩石峰值强度有增大的趋势。岩石试件高度影响其岩爆模拟实验中最终破坏模式。随着试件高度的降低，破坏模式经历了由以劈裂张拉为主向剪切为主的转变，试件高度最大时，主裂纹近乎与轴向平行，随着试件高度的降低，主裂纹与轴向夹角逐渐增大，最终被斜向约 45°裂纹断裂成两半。

绘制全时域幅度-频率-时间三维图，可以看出高幅度信号主要集中在较低频率区间范围内，且随着岩石试件高度的降低，最终岩石破坏时产生的高幅度信号量有增大的趋势。依据时间-累计声发射能量图可以确定实验演化过程的关键点，发现 60%～80%以上的能量在最后的岩爆时刻释放。随着实验进行关键点处 3D 频谱图波形由低幅值的持续时间短的单波向高幅值的持续时间布满 2ms 的多波转化。提取每个波形的主频值，结果发现对应高度为 150mm、120mm、90mm、60mm 的岩石试件，岩爆主频带分布情况差异很大，随着岩石试件高度的降低，声发射波形信号频带演化变化范围大，高频和中高频信号减少且越来越发散，张性破坏特性在减弱。反映波形数和波形幅值之间关系的 b 值，初始加载时由于岩石内部微裂纹不断形成而缓慢增加。随着载荷进一步加大，b 值快速下降，预示岩石内部微裂纹贯穿，宏观裂隙不断形成，大幅值的波形不断产生。岩爆阶段，b 值降到最低值，大量的高幅值声发射事件快速产生，岩石进入失稳破坏阶段。对比发现，岩石试件越低，岩爆时刻 b 值越小，说明其宏观破裂越多，震级能量越大。

(3) 通过设计 GR、GN 及 GRN 三类应变岩爆实验来研究岩石组合形式对应变岩爆实验的影响。发现 GR 能够储存更多的弹性应变能，具有最高的临界破坏应力值，GN 相对破坏应力值降低，GRN 破坏应力值与片麻岩较为接近，组合层面的存在降低了岩石试件的储存能量的能力。GR 产生猛烈的岩爆破坏现象，裂纹扩展和块体碎屑弹射现象明显，GN 破坏则较为缓和，有少量碎屑弹射，但更多的是薄片状碎屑剥离脱落，GRN 破坏过程中没有明显的碎屑弹射这种动态破坏现象出现，以劈裂和片状碎屑缓慢掉落为主。

绘制全时域幅度-频率-时间三维图，可以看出高幅度信号主要集中在较低频率区间范围内，GR 产生声发射信号较多，且高幅度信号存在超过 200kHz 频率的部分，而 GN 及组合岩石高幅度信号则频率带低于 200kHz。依据时间-累计声发射能量图可以确定实验演化过程的关键点，发现 GR 应变岩爆实验释放的声发射累计能量值最高，是其他三例实验累计释放量的 10 倍以上。随着实验进行关键点处 3D 频谱图波形由低幅值的持续时间短的单波向高幅值的持续时间布满 2ms 的多波转化。提取每个波形的主频值，结果发现 GR 主频主要集中于中高频和中低频成分，剪性破坏显著。而 GN 则高频成分较多，以张性破坏为主，GRN 主频带介于两者之间。反映波形数和波形幅值之间关系的 b 值，初始加载时由于岩石内部微裂纹不断形成而缓慢增加。随着载荷进一步加大，b 值快速下降，预示岩石内部微裂纹贯穿，宏观裂隙不断形成，大幅值的波形不断产生。岩爆阶段，b 值降到最低值，大量的高幅值声发射事件快速产生，岩石进入失稳破坏阶段。对比发现 GR 最后岩爆时刻 b 值最小，证明宏观裂隙较多，震级能量较大。

6.2 创新

（1）利用深部岩爆模拟实验系统在室内再现了受卸载速率影响的花岗岩岩爆全过程，从岩爆临界破坏应力，宏观破坏特征，碎屑尺度特征和微观裂纹特征，声发射能量参数分析和波形时频分析等角度进行了对比，获得了卸载速率对应变岩爆实验的影响机理，可以为现场通过调整开挖速率降低岩爆发生风险提供室内实验支持。

（2）利用深部岩爆模拟实验系统在室内再现了受岩石尺寸影响的花岗岩岩爆全过程，开展了不同岩石尺寸的应变岩爆实验，从岩爆临界破坏应力，宏观破坏特征，碎屑尺度特征和微观裂纹特征，声发射能量参数分析和波形时频分析等角度进行了对比，证明了应变岩爆实验中尺寸效应问题的存在，深入理解了岩石尺寸对其岩爆特性的影响。

（3）利用深部岩爆模拟实验系统在室内再现了受岩石组合形式影响的岩石岩爆全过程，开展了 GR、GN 以及 GRN 的对比性应变岩爆实验，从岩爆临界破坏应力，宏观破坏特征，碎屑尺度特征和微观裂纹特征，声发射能量参数分析和波形时频分析等角度进行了对比，证明了 GR 与 GN 岩爆特性有很大区别。

6.3 展望

本书虽然取得了上述比较有意义的研究成果，但很多分析仍处于初步阶段，仍有很多方面可以深入研究。

（1）影响岩爆发生的因素包括内因与外因两方面且数量多种，为了更好地理解各个岩爆影响因素的影响机制，需要进行更多类岩石在不同影响因素单一作用下的岩爆倾向性及破坏特征分析。

（2）本书在进行各影响因素下岩爆声发射特征分析时，主要是对各个关键点处的参数特征和波形特征入手，有一定局限性，未来需要将实验全过程所有声发射事件的参数和波形进行统计分析，得到全局的演化规律。

（3）岩爆的发生是由多种因素交互作用的共同结果，本书仅对三种单一因素进行了室内实验研究，需要改进实验方法，引入数学的方法，进行多因素交互作用下的应变岩爆实验，辨识该过程岩爆的主控因素，深入研究导致岩爆发生的影响因素，辨识出哪些因素在岩爆启动过程起了主导作用。

参考文献

[1] 徐则民，黄润秋，范柱国，等. 长大隧道岩爆灾害研究进展 [J]. 自然灾害学报，2004，13（2）：16－24.

[2] 蔡嗣经，张禄华，周文略. 深井硬岩矿山岩爆灾害预测研究 [J]. 中国安全生产科学技术，2006，1（5）：17－20.

[3] 邹成杰. 地下工程中岩爆灾害发生规律与岩爆预测问题的研究 [J]. 中国地质灾害与防治学报，1992，3（4）：48－53.

[4] 杨健，武雄. 岩爆综合预测评价方法 [J]. 岩石力学与工程学报，2005，24（3）：411－416.

[5] 王旭昭，王洪勇，曲金洪. 红透山铜矿岩爆灾害特征及其地质条件分析 [J]. 地质与勘探，2006，41（6）：102－106.

[6] 齐庆新，陈尚本，王怀新，等. 冲击地压、岩爆、矿震的关系及其数值模拟研究 [J]. 岩石力学与工程学报，2003，22（11）：1852－1858.

[7] 马少鹏，王来贵，章梦涛，等. 加拿大岩爆灾害的研究现状 [J]. 中国地质灾害与防治学报，1998，9（3）：107－112.

[8] 王元汉，李卧东，李启光，等. 岩爆预测的模糊数学综合评判方法 [J]. 岩石力学与工程学报，1998，17（5）：493－501.

[9] 吴顺川，周喻，高斌. 卸载岩爆试验及 PFC3D 数值模拟研究 [J]. 岩石力学与工程学报，2010，29（A02）：4082－4088.

[10] 侯发亮，刘小明，王敏强. 岩爆成因再分析及烈度划分探讨 [C] //第三届全国岩石动力学学术会议. 武汉：武汉测绘科技大学出版社，1992，11.

[11] 杨惠莲. 冲击地压的特征，发生原因与影响因素 [J]. 矿业安全与环保，1989（2）：37－42.

[12] 李玉生. 国内外矿山冲击的研究及评述 [J]. 煤炭科研参考资料，1982（4）：1－10.

[13] Hoek E，Brown E T. Empirical strength criterion for rock masses [J]. Journal of the Geotechnical and Engineering Division，ASCE 106（GT9）：1013－1035.

[14] 彭祝，王元汉，李廷芥. Griffith 理论与岩爆的判别准则 [J]. 岩石力学与工程学报，1996，15（增刊）：491－495.

[15] BRADY B. H. G.，BROWN E. T.. Rock mechanics for underground

mining [M]. London: Champman & Hall, 1993.

[16] Cook N. G. W.. The basic mechanics of rockburst [J]. J. S. Afr. Inst. Min. Metall, 1963 (64): 71 - 81.

[17] Brady, B. H. G.. and Brown, E. T. Energy changes and stability in underground mining: design applications of boundary element methods [J]. Trans. Instn. Min. Metall. Section A, 1981, 90: A61 - A68.

[18] 徐则民，吴培关，王苏达，等. 岩爆过程释放的能量分析 [J]. 自然灾害学报，2003，12 (3): 104 - 110.

[19] Salamon MDG. Stability, instability and design of pillar workings [J]. International Journal of Rock Mech Min. Sci. & Geomech Abstr 1970, 7 (6): 613 - 631.

[20] Blake W. Rock - burst Mechanics [J]. Quarterly of the colorado school of mines. 1972, 67: 1 - 64.

[21] Aglawe J P. Unstable and violent failure around underground openings in highly stressed ground [D]. Kingston, Ontario: Queen's University; 1999.

[22] Zhou X P, Qian Q H, Yang H Q. Rock burst of deep circular tunnels surrounded by weakened rock mass with cracks [J]. Theoretical and Applied Fracture Mechanics. 2011, 56 (2): 79 - 88.

[23] 赵延喜，李浩. 基于断裂力学及随机有限元的隧道岩爆风险分析 [J]. 长江科学院院报，2011，28 (6): 59 - 62.

[24] 潘一山，徐秉业. 考虑损伤的圆形洞室岩爆分析 [J]. 岩石力学与工程学报，1999，18 (2): 152 - 156.

[25] 秦四清，何怀锋. 狭窄煤柱冲击地压失稳的突变理论分析 [J]. 水文地质工程地质，1995 (5): 17 - 20.

[26] 张勇，潘岳. 弹性地基条件下狭窄煤柱岩爆的突变理论分析 [J]. 岩土力学，2007，28 (7): 1469 - 1476.

[27] Wang T T, Yan X Z, Yang H L, et al. Stability analysis of the pillars between bedded salt cavern gas storages by cusp catastrophe model [J]. Science China Technological Sciences, 2011, 54 (6): 1615 - 1623.

[28] Cook N. G. W. A note on rockbursts considered as a problem of stability [J]. JS Afr. Inst. Min. Metall, 1965, 65 (3): 437 - 446.

[29] Wang J A, Park H D. Comprehensive prediction of rockburst based on analysis of strain energy in rocks [J]. Tunnelling and Underground Space Technology, 2001, 16 (1): 49 - 57.

[30] 顾金才，范俊奇，孔福利，等. 抛掷型岩爆机制与模拟试验技术 [J]. 岩石力学与工程学报，2014，33 (6)：1081 - 1088.

[31] 许东俊，章光，李廷芥，等. 岩爆应力状态研究 [J]. 岩石力学与工程学报，2000，19 (2)：169 - 172.

[32] 谷明成，何发亮，陈成宗. 秦岭隧道岩爆机制研究 [J]. 岩石力学与工程学报，2002，21 (9)：1324 - 1329.

[33] 徐林生. 卸载状态下岩爆岩石力学实验 [J]. 重庆交通学院学报，2003，22 (1)：1 - 4.

[34] Cook. A note on rockbursts considered as a problem of stability [J]. J. S. Afr. Inst. Min. Metall. 1965 (65)：437 - 446.

[35] Russenes B F. Analysis of rock spalling for tunnels in steep valley sides [D]. M. Sc. thesis，Norwegian Institute of Technology，Department of Geology，1974.

[36] 郭然，潘长良，于润沧. 有岩爆倾向硬岩矿床采矿理论与技术 [M]. 北京：冶金工业出版社，2003.

[37] 何锋. 三峡引水工程秦巴段深埋长隧洞开挖地质灾害研究 [D]. 北京：中国地质科学研究院，2005.

[38] 钱七虎. 岩爆、冲击地压的定义、机制、分类及其定量预测模型 [J]. 岩土力学，2014，35 (1)：1 - 6.

[39] 何满潮，苗金丽，李德建，等. 深部花岗岩试样岩爆过程实验研究 [J]. 岩石力学与工程学报，2007，26 (5)：865 - 876.

[40] 郭立. 多因素交互作用下岩爆主控因素辨识 [J]. 采矿技术，2014 (2)：35 - 37.

[41] Bagde M N，Petroš V. Fatigue properties of intact sandstone samples subjected to dynamic uniaxial cyclical loading [J]. International Journal of Rock Mechanics and Mining Sciences，2005，42 (2)：237 - 250.

[42] Cheon D S，Keon S，Park C，et al. An experimental study on the brittle failure under true triaxial conditions [J]. Tunnelling and Underground Space Technology，2006 (21)：3 - 4.

[43] Alexeev A D，Revva V N，Alyshev N A，et al. True triaxial loading apparatus and its application to coal outburst prediction [J]. International Journal of Coal Geology，2004，58 (4)：245 - 250.

[44] 陈景涛，冯夏庭. 高地应力下岩石的真三轴试验研究 [J]. 岩石力学与工程学报，2006，25 (8)：1537 - 1543.

[45] Cheon D S，Jeon S，Park C，et al. An experimental study on the brittle failure under true triaxial conditions [J]. Tunnelling and Un-

derground Space Technology, 2006, 21 (3): 448 - 449.

[46] Wang T. J. A., Park H. D.. Comprehensive prediction of rockburst based on analysis of strain energy in rocks [J]. Tunnelling and Underground Space Technology, 2001, 16 (1): 49 - 57.

[47] Bagde M. N., Petorsa V.. Fatigue properties of intact and stone samples subjected to dynamic uniaxial cyclical loading [J]. International Journal of Rock Mechanics and Mining Sciences, 2005, 42 (2): 237 - 250.

[48] Burgert W, Lippmann H. Models of translatory rock bursting in coal [C] //International Journal of Rock Mechanics and Mining Sciences & Geomechanics Abstracts. Pergamon, 1981, 18 (4): 285 - 294.

[49] 杨淑清，张忠亭，陆家佑，等. 隧洞岩爆机制物理模型试验研究 [C] //岩土力学数值方法的工程应用——第二届全国岩石力学数值计算与模型实验学术研讨会论文集，1990.

[50] 潘一山，章梦涛. 地下硐室岩爆的相似材料模拟试验研究 [J]. 岩土工程学报，1997，19 (4)：49 - 56.

[51] 陈陆望，白世伟，殷晓曦，等. 坚硬岩体中马蹄形洞室岩爆破坏平面应变模型试验 [J]. 岩土工程学报，2008，30 (10)：1520 - 1526.

[52] 陈文涛，宋春明，程婷婷，等. 基于相似材料的岩爆模型实验及其能量释放机制 [J]. 实验力学，2012，27 (5)：630 - 636.

[53] He M C. Rock mechanics and hazard control in deep mining engineering in China [C] //Proceedings of the 4th Asian Rock Mechanics Symposium. Singapore: World Scientific Publishing Co. Ltd., 2006: 29 - 46.

[54] M. C. He, X. N. Jia, W. L. Gong, G. J. Liu, F. Zhao. A modified true triaxial test system that allows a specimen to be unloaded on one surface [J]. True Triaxial Testing of Rocks, CRC Press, 2012, 251 - 266.

[55] Manchao H, Fei Z. Laboratory study of unloading rate effects on rockburst [J]. Disaster Advances, 2013, 6 (9): 11 - 18.

[56] Manchao H, Xuena Jia, M. Coli, E. Livi, Luis Sousa. Experimental study of rockbursts in underground quarrying of Carrara marble [J]. International Journal of Rock Mechanics & Mining Sciences. 2012, 52: 1 - 8.

[57] He M C, Miao J L, Feng J L. Rock burst process of limestone and its acoustic emission characteristics under true - triaxial unloading conditions [J]. International Journal of Rock Mechanics and Mining

Sciences，2010，47（2）：286－298.

［58］ He M C，Nie W，Zhao Z Y，et al. Experimental investigation of bedding plane orientation on the rockburst behavior of sandstone［J］. Rock Mechanics and Rock Engineering，2012，45（3）：311－326.

［59］ 张黎明，王在泉. 卸载条件下岩爆机理的实验研究［J］. 岩石力学与工程学报. 2005，24（1）：4769－4773.

［60］ 王贤能，黄润秋. 岩石卸载破坏特征与岩爆效应［J］. 山地学报. 1998，16（4）：281－285.

［61］ 陈卫忠，吕森鹏，郭小红，等. 基于能量原理的卸围压试验与岩爆判据研究［J］. 岩石力学与工程学报，2009，28（8）：1530－1540.

［62］ 黄润秋，黄达. 高地应力条件下卸荷速率对锦屏大理岩力学特性影响规律试验研究［J］. 岩石力学与工程学报，2010，29（1）：21－33.

［63］ 张凯，周辉，潘鹏志，等. 不同卸荷速率下岩石强度特性研究［J］. 岩土力学，2010，31（7）：2072－2078.

［64］ 邱士利，冯夏庭，张传庆，等. 不同卸围压速率下深埋大理岩卸荷力学特性试验研究［J］. 岩石力学与工程学报，2010，29（9）：1807－1817.

［65］ 王明洋，范鹏贤，李文培. 岩石的劈裂和卸载破坏机制［J］. 岩石力学与工程学报，2010，29（2）：234－241.

［66］ 殷志强，李夕兵，金解放，等. 围压卸载速度对岩石动力强度与破碎特性的影响［J］. 岩土工程学报，2011，33（8）：1296－1301.

［67］ 杨建华，张文举，卢文波，等. 深埋洞室岩体开挖卸荷诱导的围岩开裂机制［J］. 岩石力学与工程学报，2013，32（6）：1222－1228.

［68］ 卢自立，邓拓，刘文浩，等. 变质砂岩卸围压破坏特征试验研究［J］. 土木工程与管理学报 ISTIC，2014（4）.

［69］ 洪亮，李夕兵，马春德，等. 岩石动态强度及其应变率敏感性的尺寸效应研究［J］. 岩石力学与工程学报，2008，27（3）：526－533.

［70］ 李宏，朱浮声，王泳嘉，等. 岩石统计细观损伤与局部弱化失稳的尺寸效应［J］. 岩石力学与工程学报，1999，01：29－33.

［71］ 陈朝伟，周英操，申瑞臣，等. 考虑岩石尺寸效应的井壁稳定性分析［J］. 石油钻探技术，2009，37（3）：38－41.

［72］ 洪亮. 冲击荷载下岩石强度及破碎能耗特征的尺寸效应研究［D］. 长沙：中南大学，2008.

［73］ 周火明，盛谦，陈殊伟，等. 层状复合岩体变形试验尺寸效应的数值模拟［J］. 岩石力学与工程学报，2004，23（2）：289－292.

［74］ 朱珍德，邢福东，王军，等. 基于灰色理论的脆性岩石抗压强度尺

寸效应试验研究 [J]. 岩土力学，2004，25 (8)：1234 - 1238.

[75] 李建林，王乐华. 卸荷岩体的尺寸效应研究 [J]. 岩石力学与工程学报，2003，22 (12)：2032 - 2036.

[76] Natau OP，Fröhlich BO，Amuschler TO. Recent developments of the large - scale triaxial test [J]. In：Proceedings of the Fifth International Congress of Rock Mechanics，Melbourne，1983：65 - 74.

[77] 倪红梅，杨圣奇. 单轴压缩下岩石材料尺寸效应的数值模拟 [J]. 煤田地质与勘探，2005，5：50 - 52.

[78] 刘宝琛，张家生，杜奇中，涂继飞. 岩石抗压强度的尺寸效应 [J]. 岩石力学与工程学报，1998，6：611 - 614.

[79] 梁昌玉，李晓，张辉，李守定，赫建明，马超锋. 中低应变率范围内花岗岩单轴压缩特性的尺寸效应研究 [J]. 岩石力学与工程学报，2013，3：528 - 536.

[80] 王学滨，潘一山，宋维源. 岩石试件尺寸效应的塑性剪切应变梯度模型 [J]. 岩土工程学报，2001，6：711 - 713.

[81] 潘一山，魏建明. 岩石材料应变软化尺寸效应的实验和理论研究 [J]. 岩石力学与工程学报，2002，2：215 - 218.

[82] 杨圣奇，徐卫亚. 不同围压下岩石材料强度尺寸效应的数值模拟 [J]. 河海大学学报（自然科学版），2004，5：578 - 582.

[83] 韩玉浩. 不同岩性组合岩层破断相似试验分析 [J]. 内蒙古煤炭经济，2014 (7)：202 - 202.

[84] 顾铁凤，宋选民. 煤岩层组合对煤体破碎程度的影响 [J]. 矿山压力与顶板管理，1998 (1)：8 - 10.

[85] 王占盛，王连国，黄继辉，等. 不同岩层组合对导水裂隙带发育高度的影响 [J]. 煤矿安全，2012，43 (2)：144 - 146.

[86] 贾明魁. 岩层组合劣化型冒顶机制研究 [J]. 岩土力学，2007，28 (7)：1343 - 1347.

[87] Huang B，Liu J. The effect of loading rate on the behavior of samples composed of coal and rock [J]. International Journal of Rock Mechanics and Mining Sciences，2013 (61)：23 - 30.

[88] 贾雪娜. 应变岩爆实验的声发射本征频谱特征 [D]. 北京：中国矿业大学，2013.

[89] 刘杰，王恩元，宋大钊，等. 岩石强度对于组合试样力学行为及声发射特性的影响 [J]. 煤炭学报，2014，39 (4)：685 - 691.

[90] 李天一，刘建锋，陈亮，等. 拉伸应力状态下花岗岩声发射特征研究 [J]. 岩石力学与工程学报，2013 (32)：3215 - 3221.

[91] 苏承东，高保彬，南华，等. 不同应力路径下煤样变形破坏过程声发射特征的试验研究 [J]. 岩石力学与工程学报，2009，28 (4)：757-766.

[92] 赵奎，邓飞，金解放，等. 岩石声发射 Kaiser 点信号的小波分析及其应用初步研究 [J]. 岩石力学与工程学报，2006，2 (2).

[93] Aker E, Kühn D, Vavryčuk V, et al. Experimental investigation of acoustic emissions and their moment tensors in rock during failure [J]. International Journal of Rock Mechanics and Mining Sciences, 2014 (70): 286-295.

[94] Moradian Z A, Ballivy G, Rivard P, et al. Evaluating damage during shear tests of rock joints using acoustic emissions [J]. International Journal of Rock Mechanics and Mining Sciences, 2010, 47 (4): 590-598.

[95] Zabler S, Rack A, Manke I, et al. High-resolution tomography of cracks, voids and micro-structure in greywacke and limestone [J]. Journal of structural geology, 2008, 30 (7): 876-887.

[96] He M, Nie W, Zhao Z, et al. Micro- and macro-fractures of coarse granite under true-triaxial unloading conditions [J]. Mining Science and Technology (China), 2011, 21 (3): 389-394.

[97] Erarslan N, Williams D J. The damage mechanism of rock fatigue and its relationship to the fracture toughness of rocks [J]. International Journal of Rock Mechanics and Mining Sciences, 2012 (56): 15-26.

[98] 何满潮，杨国兴，苗金丽，等. 岩爆实验碎屑分类及其研究方法 [J]. 岩石力学与工程学报，2009，28 (8)：1521-1529.

[99] 葛修润，任建喜. 岩土损伤力学宏细观试验研究 [M]. 北京：科学出版社，2004.

[100] 何谨铖，向志群. 岩石微结构与其抗压强度的关系 [J]. 西部探矿工程，2014，26 (6)：6-8.

[101] 王泽云，刘立，刘保县. 岩石微结构与微裂纹的损伤演化特征 [J]. 岩石力学与工程学报，2004，23 (10)：1.

[102] 刘唐生，邵爱军. 峰局五矿岩石力学及微结构特征的研究 [J]. 矿业研究与开发，2002，22 (4)：14-17.

[103] 刘立，邱贤德. 复合岩石的微结构损伤破坏 [J]. 矿山压力与顶板管理，1999 (2)：77-80.

[104] Dai S T, Labuz J F. Damage and failure analysis of brittle materials by acoustic emission [J]. Journal of Materials in Civil Engineering, 1997, 9 (4): 200-205.

[105] Puri S. Assessing the development of localized damage in concrete under compressive loading using acoustic emission [D]. West Lafayette：Purdue University，2003.

[106] Yu J，Ziehl P，Zárate B，et al. Prediction of fatigue crack growth in steel bridge components using acoustic emission [J]. Journal of Constructional Steel Research，2011，67 (8)：1254-1260.

[107] Jiang X，Shuchun L，Yunqi T，et al. Acoustic emission characteristic during rock fatigue damage and failure [J]. Procedia Earth and Planetary Science，2009，1 (1)：556-559.

[108] 张永升. 波形分析方法在碳酸盐岩储层预测中的应用 [J]. 石油物探，2004，43 (2)：135-138.

[109] 李海鹏，隋波，彭军. 波形分析影响因素分析 [J]. 内蒙古石油化工，2013，39 (20).

[110] Gong W. L.，Gong Y. X.，Long A. F.. Multi - filter analysis of infrared images from the excavation experiment in horizontally stratified rocks [J]，Infrared Physics and Technology，2013 (56)：57-68.

[111] T. M. Roberts，M. Talebzadeh. Acoustic emissionmonitoring of fatigue crack propagation [J]. Journal of Constructional Steel Research，2003 (59)：695-712.

[112] 张茹，谢和平，刘建锋，等. 单轴多级加载岩石破坏声发射特性试验研究 [J]. 岩石力学与工程学报，2006，25 (12)：2584-2588.

[113] 张晖辉，颜玉定，余怀忠，等. 循环载荷下大试件岩石破坏声发射实验-岩石破坏前兆的研究 [J]. 2004：3621-3628.

[114] 李庶林，尹贤刚，王泳嘉，等. 单轴受压岩石破坏全过程声发射特征研究 [J]. 岩石力学与工程学报，2004，23 (15)：2499-2503.

[115] 尹贤刚，李庶林，唐海燕，等. 岩石破坏声发射平静期及其分形特征研究 [J]. 中国岩石力学与工程杂志，2009，28 (2)：3383-3390.

[116] Stefano D. S.，Adrienn K. T.. Laboratory and field studies on the use of acoustic emission for masonry bridges [J]，NDT &E International，2013，55：64-74.

[117] Martyn D. Read，Mark R. Ayling，Philip G. Meredith，et al. Microcracking during triaxial deformation of porous rocks monitored by changes in rock physical properties (Ⅱ) - Pore volumometry and acoustic emission measurements on water - saturated rocks [J]. Tectonophysics，1995，245：223-235.

[118] 袁子清，唐礼忠. 岩爆倾向岩石的声发射特征试验研究 [J]. 地下

空间与工程学报，2008，4（1）：94－98.

[119] Cai M.，Kaiser P. K. Morioka H.，Minami M.，et al. FLAC/PFC coupled numerical simulation of AE in large－scale underground excavations [J]. International Journal of Rock Mechanics and Mining Science，2007（44）：550－564.

[120] 许东俊，耿乃光. 中等主应力变化引起的岩石破坏与地震 [J]. 地震学报，1984，6（2）：159－166.

[121] 刘东燕，胡本雄. 含裂隙岩石受压破坏的声发射特性研究 [J]. 地下空间，1998，18（4）：210－215.

[122] 赵兴东，田军，李元辉，等. 花岗岩破裂过程中的声发射活动性研究 [J]. 中国矿业，2006，15（7）：74－76.

[123] 唐春安，秦四清. 碎柱破坏过程及其声发射规律的数值模拟 [J]. 煤炭学报，1999，24（3）：266－269.

[124] 赵兴东，陈长华，刘建坡，等. 不同岩石声发射活动特性的实验研究 [J]. 东北大学学报：自然科学版，2008，29（11）：1633－1636.

[125] Kurz JH，Finck F，Grosse CU. Stress drop and stress redistribution in concrete quantified over time by the b－value analysis [J]. Struct Health Monit，2006，5（1）：69－81.

[126] Sagar RV，Prasad BK，Kumar S－S. An experimental study on cracking evolution in concrete and cement mortar by the b－value analysis of acoustic emission technique [J]. Cem Concr Res，2012，42（8）：1094－1104.

[127] 李元辉，刘建坡，赵兴东，等. 岩石破裂过程中的声发射 *b* 值及分形特征研究 [J]. 岩土力学，2009，30（9）：2559－2563.

[128] 曾正文，马瑾. 岩石破裂扩展过程中的声发射 *b* 值动态特征及意义 [J]. 地震地质，1995，17（1）：7－12.

[129] 张建中，宋良玉. 地震 *b* 值的估计方法及其标准误差——应用蒙特卡罗方法估计 *b* 值精度 [J]. 地震学报，1981，3（3）：292－301.

[130] 陈培善，白彤霞，李保昆. *b* 值和地震复发周期 [J]. 地球物理学报，2003，46（4）：510－519.

[131] 刘力强，马胜利. 不同结构岩石标本声发射 *b* 值和频谱的时间扫描及其物理意义 [J]. 地震地质，2001，23（4）：481－492.

[132] 尹祥础，李世愚，李红，等. 从断裂力学观点探讨 *b* 值的物理实质 [J]. 地震学报，1987，9（4）：346－346.

[133] 潘华，李金臣. 地震统计区地震活动性参数 *b* 值及 *v*4 不确定性研究 [J]. 震灾防御技术，2006，1（3）：218－224.